CAUSERIES AGRICOLES

ALGÉRIENNES

PAR

Th. BAUGUIL,

(BLIDI)

PROFESSEUR DÉPARTEMENTAL D'AGRICULTURE

A CONSTANTINE

CONSTANTINE

IMPRIMERIE ADOLPHE BRAHAM, 2, RUE DU PALAIS

1895

CAUSERIES AGRICOLES

ALGÉRIENNES

PAR

Th. BAUGUIL,

(BLIDI)

Professeur départemental d'Agriculture

a Constantine

CONSTANTINE

IMPRIMERIE ADOLPHE BRAHAM, 2, RUE DU PALAIS

—

1895

A Monsieur Ad. Viguié,

Propriétaire-Agriculteur à Sétif

CHEVALIER DU MÉRITE AGRICOLE

Mon Cher Ami,

Permettez-moi d'inscrire votre nom en tête de ces causeries, car c'est surtout à vous que je dois de les avoir écrites.

Acceptez-en donc l'hommage comme un faible témoignage de ma vive gratitude et de mon entier dévouement.

Th. BAUGUIL.

INTRODUCTION

Nous avions songé à écrire une préface à l'adresse
du lecteur. En parcourant à nouveau ce volume formé
par nos causeries, écrites sous le pseudonyme de
Blidi, au courant de la plume et sans aucune prétention, il nous a semblé que ce n'était pas nécessaire.

Nous soumettons donc tout simplement notre livre
au jugement des agriculteurs auxquels il est destiné
et nous nous estimerons très heureux si les quelques
indications, surtout pratiques, qu'il renferme, peuvent
leur être utiles.

Th. B.

LES LABOURS

Les quelques pluies tombées à la fin de la première quinzaine ont commencé à détremper le sol ; encore quelques ondées et la terre se présentera dans d'excellentes conditions pour recevoir les semences.

Je me suis laissé dire que déjà dans les régions de Sétif et de Batna, la charrue avait entamé bien des parcelles ; je suppose qu'il ne peut y avoir dans ce travail qu'un labour préparatoire qui, pour être un peu tardif, n'en aura pas moins un heureux effet pour la récolte à venir.

Nous négligeons malheureusement trop, pour la plupart, ces façons de printemps ou d'automne que l'agriculteur en France fait avec un soin tout particulier, préparant ainsi son sol à bénéficier de toutes les fertilisantes influences atmosphériques. Nous semblons ignorer que ces labours préparatoires valent une fumure, et comme nous ne prenons même pas la peine de fumer nos terres, nous songeons encore bien moins à les préparer longtemps à l'avance.

Nous vivons sur cette idée absurde, absolument fausse, que nos terres sont d'une fertilité inépuisable, alors qu'elles sont au contraire très fatiguées ; nous estimons que nous pouvons puiser sans cesse dans leur sein sans jamais rien leur rendre, agissant ainsi à la façon de prodigues ou d'inconscients; nous courons tout simplement à la ruine et engageons d'une manière désastreuse l'avenir de nos enfants. Et la preuve nous l'avons cependant tous les ans. Il y a quelques vingt ou vingt-cinq années, la moyenne des récoltes s'élevait à 11 et 12 hectolitres par hectare; aujourd'hui cette moyenne atteint au plus 8 hectolitres 1/2, culture arabe comprise, tandis qu'en France elle a dépassé cette année, 16 hectolitres 1/2.

Me voilà loin de mon sujet, car, je ne veux vous entretenir aujourd'hui, que des labours au point de vue de la profondeur à leur donner.

Et, si je traite cette question, c'est parce que j'ai entendu bien souvent des colons soutenir cette opinion, que chez nous les labours profonds étaient une erreur; que mieux valait, suivant la coutume arabe, briser seulement la couche superficielle; ils appuyaient leurs dires sur ce fait que bien des fois, dans le même terrain, ils avaient vu une culture arabe donner les mêmes résultats qu'une culture française; ils oubliaient naturellement d'ajouter que l'année citée par eux avait été exceptionnellement pluvieuse, que l'arabe avait semé sur jachère et très clair suivant son habitude, car il faut bien, étant khammès, garder pour les besoins de la tente, une petite provision de la semence fournie par le roumi; les mêmes colons négligeaient, de bonne foi sans doute, de faire connaître les résultats qu'ils avaient observés à la suite d'une année peu humide, presque sèche; d'une part, une récolte moyenne dans une terre labourée à la charrue française; d'autre part, un rendement nul dans un sol traité à la méthode fataliste et suivant le proverbe : Dieu donnera.

Dans nos terres à céréales, sur les Hauts-Plateaux notamment, c'est un fait constant et bien connu de tous que lorsque les pluies n'arrivent pas abondantes à l'automne et au printemps, toute culture arabe ne donne qu'une récolte insignifiante; peu de pluies en novembre, décembre, les semences confiées au sol ne lèvent souvent même pas; peu de pluies en mars et avril, les récoltes s'étiolent, le grain ne se forme pas.

Peut-il en être autrement? Evidemment non. Comment l'humidité pourrait-elle pénétrer et par suite se conserver dans un sol fortement tassé à 8 ou 10 centimètres au plus de la surface extérieure; le moindre coup de soleil en l'absorbant la fait disparaître rapidement et les racines presque à l'air libre vont se dessécher, privées de cette humidité qui leur est si indispensable non seulement pour vivre, mais encore pour apporter à la plante la nourriture nécessaire à sa vie, à son développement.

D'autre part, l'air également indispensable à l'élaboration de la nourriture des végétaux ne peut pénétrer dans un sol que la charrue n'a pas ameubli; privées de cet air, les matières fertilisantes que contient ce sol restent inertes, ne sont d'aucun profit pour la plante.

Au contraire, dans les terres labourées à une profondeur de 15 à 25 centimètres, les eaux pluviales s'infiltrent aisément, s'accumulent en plus forte proportion sans aucun préjudice; l'expérience a démontré que la fraîcheur y est plus durable en même temps que l'excès d'humidité y est moins à craindre; les récoltes y trouvent, en résumé, des conditions d'existence mieux assurée contre les fluctuations atmosphériques.

Dans une terre bien ameublie, dont l'épaisseur de la couche arable a été augmentée par un bon labour, les racines peuvent s'accroître et se développer avec avantage, alors que dans un sol dur elles apparaissent souvent presque à la surface, promptement mises à nu soit par les pluies d'orage, soit par les vents violents.

Enfin, et l'agronome Thaër l'a prouvé d'une façon indiscutable, la fertilité d'un sol augmente de 8 % par 2 centimètres de profondeur qu'on peut lui donner en sus de 12 centimètres et diminue dans la même proportion de 12 à 4 en se rapprochant de la surface.

Cela ne veut pas dire qu'il soit nécessaire dans toutes les circonstances et pour les cultures de céréales d'atteindre une profondeur telle que le sous-sol atteint vienne se mélanger au sol. Il faut au contraire bien se garder de cette opération le plus souvent dangereuse, surtout dans nos Hauts-Plateaux parce qu'elle n'a d'autre résultat que de ramener à la surface des couches infertiles.

J'ai connu des colons qui, dans une excellente intention et faisant labourer pour la première fois un champ à la charrue française exécutaient un véritable défoncement ; ils s'imaginaient que plus ils feraient pénétrer leur instrument, plus leur récolte serait assurée avec un haut rendement; ils avaient juste réussi à semer dans un sous-sol crayeux, tuffeux, complétement infertile.

Il y a donc un point à ne pas dépasser; les céréales, contrairement à certaines plantes à racines pivotantes, telle que navets, betteraves, n'exigent pas plus de 20 à 25 centimètres d'épaisseur de sol bien ameu-

bli ; n'allez donc point au-delà de cette profondeur,
mais efforcez-vous de l'atteindre, non seulement par
un unique labour, mais surtout par des façons préparatoires faites en temps utiles ; vous vous placerez
ainsi dans les meilleures conditions pour obtenir de
bonnes récoltes, surtout si vous avez eu la sage précaution de fumer vos terres et de ne leur confier que
des semences de choix.

APPAUVRISSEMENT DE NOS TERRES

NÉCESSITÉ DE L'EMPLOI DES FUMURES
ET DES ENGRAIS

Nous sommes déjà loin, en Algérie, de ces heureuses années où les premiers colons sur des terres encore vierges, à peine grattées, mal entretenues, récoltaient blés, orges et avoines avec des rendements moyens de 12 et 15 pour un, atteignant souvent 25 et même 30.

Aujourd'hui, avec des instruments mieux appropriés, des travaux mieux suivis, la moyenne de ces rendements dans notre province, d'après les dernières statistiques, ne dépasse pas 10 hectolitres 50, alors que la quantité de semence jetée sur le sol varie entre 90 et 140 litres.

C'est que la terre, quelle que soit sa fertilité première, n'est point un réservoir dans lequel on peut puiser indéfiniment sans le tarir ; elle n'est pas comme le supposaient beaucoup d'agriculteurs, il y a quarante ans à peine, seulement le support des plantes, mais au contraire le magasin le plus important des aliments dont elles se nourrissent, magasin auquel il faut rendre à époques déterminées, fréquentes, les matériaux que lui enlèvent par la culture sous des formes diverses, le pain, la viande, le lait, le vin dont nous nous nourrissons, les nombreux produits végétaux utiles à notre existence.

La loi des restitutions en agriculture, comme en économie générale, comme en physiologie, est absolue.

Toujours puiser dans la même bourse sans jamais la garnir, c'est s'exposer à la voir se vider rapidement; c'est marcher à la ruine.

Nous avons tous ou à peu près tous procédé de cette façon en Algérie, surtout au début. Ayant à notre disposition des espaces de terrains relativement étendus dont la fertilité nous enrichissait, nous nous préoccupions peu de l'avenir, il nous semblait que nous n'arriverions jamais à l'épuiser ce sol si généreux et dont nous étions si fiers.

La période des vaches maigres est arrivée cependant et il faut en rabattre ; l'expression classique de grenier de Rome appliquée à notre pays a pu être vraie à une époque où la culture intensive était à peu près inconnue ; elle pouvait être relativement juste lorsqu'elle était employée pour dépeindre la fertilité de nos terres, il y a vingt ans encore ; je suis d'avis qu'aujourd'hui il ne faut en user que discrètement ; nous savons à quoi nous en tenir dans les campagnes lorsque nous l'entendons prononcer avec emphase dans certains discours de circonstance.

Peut-être trouvera-t-on qu'il eût été sage de ma part d'observer à ce sujet un silence prudent. J'estime, cependant, qu'il vaut mieux avertir les gens qui vont tomber en aveugles dans un précipice que de les y laisser aller et cela sous le prétexte qu'on leur sera nuisible en dévoilant qu'ils ont la vue basse.

Du reste, les terres appauvries par une longue culture dans notre province, ne constituent que l'exception et ne se remarquent que dans les centres agricoles occupés depuis de longues années ; il ne manque pas de sols encore presque neufs que la charrue a égratignés à peine ; le mal, enfin, que je crois devoir signaler est facilement réparable et disparaîtra le jour où nous le combattrons sérieusement.

Nous pourrons, en effet, rendre à nos terres fatiguées leur première fertilité et la leur conserver en leur restituant [par des fumures appropriées les éléments qui les faisaient si riches et que nous leur avons enlevés.

Quels sont ces éléments ? Ils sont nomhreux ; je ne vous citerai que les quatre principaux dont la restitution à la terre est indispensable, parce qu'ils entrent pour une proportion très élevée dans la composition des plantes, ce sont : l'azote, la potasse, la chaux, l'acide phosphorique, dans des combinaisons variées qu'il serait trop long d'étudier dans cette simple causerie.

L'azote est très abondant dans l'air; mais il paraît établi, jusqu'à présent, que les plantes ne l'absorbent pas sous cette forme et ne se l'assimilent que lorsqu'il est transformé en composés nitreux, ammoniacaux renfermés dans le sol, ou bien quand il est uni à des matières carbonées sous forme de matières organiques, dans les terrains tourbeux, par exemple.

Une terre qui en contient deux grammes par kilogramme peut être regardée sous le rapport de la teneur comme une bonne terre arable.

Les fumiers de ferme, résidus de la vie animale et végétale, renferment des quantités élevées d'azote assimilable sous forme de combinaisons ammoniacales contenues dans les urines. Ils constituent donc le même engrais nécessaire pour rendre au sol les matières azotées qui lui ont été enlevées par la culture.

La potasse se trouve dans le sol, tantôt sous une forme assimilable, tantôt dans un état tel que les plantes ne peuvent l'absorber immédiatement. Dans le premier cas, elle se présente sous forme de potasse soluble dans l'eau ; dans le deuxième, on la trouve à l'état de débris de roches combinée avec la silice. On estime qu'une bonne terre arable doit en contenir pour un kilogramme environ 1 gramme 50 ; au-dessous de ce chiffre, les engrais potassiques sont indispensables. Les fumiers de ferme, à l'état sec, en renferment deux grammes 47 par kilogramme. Ils seront donc utilement employés dans tous les terrains où l'analyse aura dénoncé une quantité insuffisante de potasse.

La chaux, dans notre province, se rencontre assez abondamment dans le sol, si ce n'est sur quelques points du littoral, à l'état de carbonate ou de phosphate ; elle entre pour une large part dans le poids du squelette des animaux ; les récoltes en enlèvent au sol une grande proportion qu'il est donc indispensable de lui restituer largement. Une terre qui est dépourvue de chaux n'est plus une terre arable ; elle convient seulement à certaines cultures forestières peu exigeantes.

Les fumiers de ferme quels qu'ils soient ne peuvent donner au sol qui en sont dépourvus la quantité de chaux nécessaire pour les rendre arables ; il faut, dans ce cas, recourir forcément à des chaulages et marnages répétés.

Cette causerie est déjà bien longue ; il me reste cependant à vous entretenir de l'acide phosphorique dont l'importance au point de vue de la valeur de nos sols algériens est on ne peut plus grande ; nous en parlerons, si vous le voulez bien.

FUMURES

ACIDE PHOSPHORIQUE. - PHOSPHATES

Nous avons examiné dans notre dernière causerie à quel point était indispensable dans les sols cultivés la présence de certaines quantités d'azote, de potasse et de chaux ; il nous reste à déterminer dans celle-ci le rôle important que joue l'acide phosphorique dans toutes nos cultures.

Cet acide, de toutes les substances minérales utiles à la plante, est en même temps celle qui présente le plus d'importance pour la pratique.

On le rencontre sous forme de phosphate, en grande partie insoluble, mais se dissolvant cependant à la longue, grâce à l'acidité des racines ; c'est de cette façon qu'il pénétre dans la circulation végétale. L'acide phosphorique se concentre surtout dans les fruits et les graines ; il constitue l'origine et la charpente osseuse de tous les animaux ; partout où il fait défaut, non seulement les plantes végètent misérablement, mais encore les hommes et les animaux sont chétifs, malingres et souvent rachitiques.

Il aurait, paraît-il, singulièrement diminué depuis quelques années, dans nos terres algériennes, précisément parce que nous négligeons de le leur restituer par les engrais, les fumiers.

Il résulte, en effet, d'analyses récentes faites par M. Ladureau, que sur dix-neuf terres qui lui ont été adressées de notre département, quatre seulement renferment un gramme d'acide phosphorique par kilogramme de terre sèche, alors que la richesse moyenne normale doit s'élever à 1 gr. 50 et 1 gr. 70 d'après M. Schlœsing. Les quinze autres échantillons ne contenaient en moyenne que 0 gr. 69, quantité, on le voit, bien inférieure à celle devant exister normalement. Le rapport de M. Ladureau ne dit point sur quels points du département ces divers échantillons ont été pris.

D'autre part, M. A. Bernard, directeur du laboratoire départemental agronomique de Cluny, signalait dans un échantillon envoyé d'Aïn-Yagout, près Batna, 0 gr. 46 par kilogramme seulement d'acide phosphorique.

Les départements d'Alger et d'Oran semblent encore bien moins partagés que le nôtre sous le rapport de la richesse phosphorique de leurs terres ; toujours d'après M. Ladureau 52 échantillons envoyés du premier de ces départements, n'ont donné à l'analyse qu'une moyenne de 0 gr. 66 par kilogramme, tandis que 28 du second ne renfermaient en moyenne que 0 gr. 54, également par kilogramme.

Nos défectueuses méthodes de cultures, consistant entre autres à ne jamais ou bien rarement fumer nos terres, ont produit ce résultat désastreux de la presque disparition de l'acide phosphorique dans nos sols ; résultat se traduisant par la diminution de plus en plus marquée des rendements de nos céréales par l'appauvrissement de nos races d'animaux domestiques ; car enfin rien ne prouve qu'une alimentation peu riche en phosphate ne soit pas pour beaucoup la cause de la dégénération si remarquée sur certains points, de notre race chevaline.

En persistant à enlever constamment au sol les éléments qu'il renferme, sans jamais les lui rendre, en ne faisant pas autrement que les indigènes qui nous entourent, nous arriverons fatalement dans un temps relativement rapproché, à rendre stériles les terres que nous habitons.

Nous devons donc, dès à présent, modifier notre système de culture au point de vue des fumures.

Et là se pose la question des engrais que nous aurons à employer pour restituer au sol, surtout l'acide phosphorique qui lui fait si défaut.

Il n'entre pas dans mon esprit de vous entretenir de tous ceux qui peuvent concourir à ce résultat ; la liste pour en être longue n'en est pas plus concluante ; je ne vous parlerai que de deux de ces engrais qui sont à notre portée et qui, en même temps, me paraissent le plus économiques.

Le premier est le fumier de ferme, le deuxième est l'acide phosphorique lui-même sous forme de phosphate de chaux fossile découvert tout récemment dans des gisements très importants aux environs de Souk-Ahras, par M. Wetterlé, et plus récemment encore à Tebessa.

Le fumier de ferme, bien préparé, bien conservé, est l'engrais par excellence contenant jusqu'à 0 gr. 23 pour 100 kilogrammes, d'acide phosphorique, proportion pouvant varier évidemment suivant les espèces domestiques et le genre d'alimentation.

Le proverbe « laisser perdre son fumier, c'est vider son grenier » sera toujours vrai ; nous commençons à en faire la dure expérience. Habituons-nous donc à ne plus considérer nos fumiers de ferme comme un embarras ; ne les laissons pas sans soins, car, abandonnés à eux-mêmes, ils perdent leurs propriétés fertilisantes, rendent l'air impur par leurs exhalaisons et empoisonnent par leurs infiltrations les eaux des puits de leur voisinage.

Plaçons-les, au contraire, à une certaine distance de la ferme, en tas bien pressés qu'il faudra avoir soin de couvrir d'une bonne couche de terre ou de gazon, afin d'empêcher la déperdition des gazs amoniacaux qu'ils contiennent.

Les fumiers de ferme ainsi préparés, ainsi conservés, constitueront une richesse réelle, ayant sa place à l'inventaire et qui, répandus au moment convenable sur le sol, à la dose de 30,000 ou 40,000 kilos à l'hectare, lui rendront sa première fertilité.

Le phosphate de chaux, dont l'utilité comme matière fertilisante n'est plus contestée, existe en masse plus ou moins considérable dans diverses régions en France, en Belgique, en Allemagne, en Amérique. Jusqu'en 1886, on ne soupçonnait guère son existence dans notre province ; à cette époque seulement, M. P. Thomas, vétérinaire militaire distingué et savant géologue, que beaucoup de Constantinois se rappellent certainement avec plaisir, signala, dans une note à l'Académie des sciences, la présence en Tunisie de nombreux gisements de phosphates de chaux ; il concluait dans cette note à la possibilité de la conti-

nuation de ces mêmes gisements au-delà de la fron-
tière tunisienne, sur la rive droite de la Medjerda,
non loin de Souk-Ahras et aussi dans la région de
Tébessa.

Conduit peut-être sur la voie par cette hypothèse,
M. Wetterlé fit des recherches, et ses efforts persé-
vérants l'amenèrent à découvrir des masses importantes et riches de phosphates de chaux sur plusieurs
points situés aux environs de Souk-Ahras.

Je vous parlerai un jour prochain et plus longuement de cette importante découverte, à laquelle on
commence à prêter toute l'attention qu'elle mérite.

Je me contente de vous la signaler aujourd'hui
pour faire connaître que nous avons dès à présent à
notre disposition dans les meilleures conditions économiques l'élément phosphorique qui, ramenant la
fertilité dans nos sols, nous fera obtenir des récoltes
à hauts rendements nous permettant une culture
vraiment rémunératrice.

Les phosphates s'emploient tantôt mélangés aux
fumiers de ferme, tantôt mêlés intimement à la couche arable à la dose moyenne de 500 kilos par hectare. Le premier mode paraît devoir être de beaucoup
le préférable.

L'espace dont je dispose ici ne me permet pas de
traiter la question des fumures, au moyen du fumier
de ferme et des phosphates, avec des développements
suffisants ; je n'ai voulu du reste aborder autre chose
que le point principal touchant l'absolue nécessité de
restituer à nos terres les éléments de fertilité que
nous leur enlevons depuis si longtemps ; c'est également par là que je terminerai.

Nous avons à notre disposition les moyens de

réparer nos fautes agricoles ; d'une part, un bétail encore nombreux qui nous donnera les fumiers nécessaires, d'autre part des phosphates de chaux très riches qu'une exploitation intelligente nous fournira dans de bonnes conditions ; n'hésitons pas à les employer ; ne négligeons ni les uns ni les autres.

La culture des céréales ne donnant plus des rendements aussi élevés que par le passé, nous l'avons presque abandonnée pour nous lancer peut-être exagérément dans celle de la vigne. Reprenons-la, mais faisons bien ; choisissons nos semences, préparons bien nos terres, fumons-les convenablement ; en procédant ainsi nous éviterons la misère inséparable de récoltes insignifiantes, de qualité inférieure et, en ramenant l'aisance dans nos familles, nous rendrons en même temps à notre pays la fertilité et la richesse qui le distinguaient.

ENFOUISSEMENT DU FUMIER

Demandez à dix cultivateurs pris chez nous, au centre, aussi bien qu'à l'Est ou à l'Ouest, si, dans la culture des céréales, li convient d'enterrer profondément ou superficiellement le fumier; huit, pour le moins, vous répondront que la première des méthodes est de beaucoup la meilleure.

Rien n'est perdu, dans ces conditions, affirment-ils ; le sol est enrichi pour longtemps, si en même temps on a eu le soin d'employer de grosses quantités; c'est un travail fait pour de longues années.

Eh bien, ne leur en déplaise, il y a là de leur part une grosse, très grosse erreur; en enterrant profondément leur fumier, même celui-ci étant en grande quantité, ils agissent absolument comme s'ils servaient l'orge à leurs chevaux dans un crible à larges mailles ou dans le vase à long col et d'étroite embouchure de notre bon Lafontaine; la nourriture, dans les deux cas, est tout à fait perdue, aussi bien pour la terre que pour l'animal.

En effet, le fumier, enfoui profondément, se décompose avec plus de lenteur, et, si le sous-sol est humide, ce qui arrive presque toujours pendant l'hiver, sa décomposition peut même être arrêtée. Les pluies qui filtrent lentement au travers du sol, en l'arrière saison, s'imprégnent des parties les plus solubles, et si le fumier est enterré seulement à 25 centimètres de profondeur, les parties solubles sont entraînées trop bas pour pouvoir être absorbées par les racines des céréales plantées. Ces parties solubles assimilables sont l'acide phosphorique, la potasse, l'azote ammoniacal et nitrique, véritables aliments qui sont *perdus, entraînés, sans aucun profit pour la plante,* dans les couches les plus profondes du sous-sol.

L'enfouissement superficiel à 5 ou 10 centimètres, selon la tenacité des terres, assimile la fumure à une véritable préparation d'un compost organique. La terre aérée, chauffée dans le milieu du jour, moins humide, soumise aux bienfaisantes actions des gels et dégels successifs, active la décomposition du fumier; les éléments volatifs, peu abondants en cette saison, restent fixés dans la couverture de terre ; les éléments liquides sont retenus dans la couche sous-jacente et dans le fumier lui-même, dont le pouvoir absorbant augmente au fur et à mesure qu'il se décompose, qu'il se rapproche de l'état de terreau.

L'enfouissement profond ne convient, ne peut convenir qu'aux plantes à racines pivotantes ou à celles qui, comme la luzerne, par exemple, vont chercher leur nourriture dans le sol.

D'ailleurs, dans nos terres à céréales, en grande partie, un peu légères, à prédominance calcaire, plus ou moins exposées à la sécheresse, il est une autre raison qui doit nous amener à placer superficiellement notre fumier. Celui-ci, dans ces conditions, entretient toujours une certaine fraîcheur autour des racines de la céréale et lui permet, par suite, un développement plus régulier.

Si le fumier est, au contraire, enfoui profondément, la surface de la couche arable se desséchera vite et les arrêts de végétation en seront la conséquence forcée.

Laissons donc de côté cette façon absurde de vouloir nourrir nos cultures de céréales, en mettant hors de leur portée la nourriture que nous leur apportons ; dans l'intérêt de tous et de chacun, il est nécessaire d'abandonner cette méthode surannée et ridicule de l'enfouissement profond des fumiers pour suivre enfin celle des fumures répétées et superficielles que recommandent et l'expérience et le gros bon sens.

Le Fumier et les Engrais chimiques

Je n'entends parler autour de moi, je lis un peu
partout dans des journaux spéciaux et aussi dans bon
nombre d'autres, dont l'agriculture n'est pas le plus
grand souci, que, dorénavant on pourra se passer du
fumier de ferme toutes les fois qu'on voudra obtenir
des récoltes élevées ; en résumé, il semble que le
mot d'ordre donné consiste à remplacer, dans toute
culture intensive, le fumier par les engrais chimiques.

Je crois qu'il y a là une bien grosse erreur ; cette
nouvelle doctrine, que bien des gens finiront par
trouver, comme moi, peut-être un peu intéressée, me
semble pleine de dangers pour notre agriculture, et
jusqu'à preuve du contraire, je resterai persuadé que
les engrais chimiques peuvent compléter les fumiers
de ferme, mais ne peuvent les remplacer d'une façon
absolue, comme certains le prétendent.

L'emploi des engrais chimiques appartient d'ailleurs
exclusivement à l'agricultre améliorée, et la nôtre, nous
sommes bien obligés de l'avouer, n'est malheureusement pas encore celle-là. Nous voulons des récoltes
très élevées, en employant certains engrais recommandés, généralement très coûteux et dont nous
ignorons toujours ou presque toujours la composition, et cependant nous ne fumons que très peu nos

terres, souvent même nous ne les fumons pas du tout. Notre ambition serait de beaucoup récolter et de ne rien dépenser pour amener cette forte récolte ? c'est là un sentiment très compréhensible, mais je ne vois pas le moyen de le rendre praticable. En agriculture, comme dans le commerce, comme dans l'industrie, on ne fait rien avec rien et si l'on veut tirer du sol la plus grande somme de produits utiles, il faut lui faire sous la forme la plus économique possible, l'avance nécessaire de toutes les substances indispensables au développement de ces produits.

Que penseriez-vous d'un industriel qui voudrait livrer au commerce des farines obtenues par la mouture dans un tourniquet arabe ; rien de bien avantageux, sans doute; Eh bien ! on a le droit d'apprécier de la même façon un cultivateur qui a la prétention d'obtenir des récoltes élevées sans fournir à ses terres les fumures nécessaires.

Et si cet industriel, sans ressources très grandes, sans clientèle bien assurée, sans débouchés certains, transformait tout d'un coup son tourniquet en une usine perfectionnée, munie de tout le mécanisme moderne, dont il ne connaîtrait pas du reste le premier mot, que diriez-vous encore de lui ? Qu'il est très imprudent et que vous vous garderiez bien de lui confier votre argent, s'il venait vous le demander. Le cultivateur algérien qui ne fume pas ses terres et qui, subitement, pour augmenter ses rendements, veut employer les engrais chimiques, peut être jugé de la même façon que le propriétaire du tourniquet arabe ; ils sont aussi imprudents l'un que l'autre ; ils auront tous deux les mêmes insuccès.

Ajoutez encore que ce cultivateur presque toujours

ne connaît pas la composition physique et chimique de son sol, dont il ne veut pas faire faire l'analyse à cause de la dépense, et que, par suite, il peut employer souvent des engrais chimiques renfermant des éléments contenus dans ses terres en quantité beaucoup plus que suffisante.

Il ne faut pas oublier, d'autre part, que le fumier de ferme bien préparé, bien conservé, est non seulement un engrais économique, mais qu'il constitue en même temps un amendement de premier ordre ; c'est par son usage que bien des terres peuvent être transformées complétement ; les fumiers longs, par exemple, par leur action mécanique, modifient avantageusement les terres argileuses qu'ils finissent par rendre plus divisées, moins compactes ; en couverture, sur les terres légères et sèches, ils les protègent contre les rayons du soleil ; les fumiers divisés, désagrégés, ramollis, conviennent au contraire, dans les terres légères, que non seulement ils ne soulèvent pas, mais qu'ils rendent au contraire plus unies, plus compactes. Les engrais chimiques proprement dits n'ont pas cette action mécanique et ne peuvent l'avoir.

Le fumier donne enfin à la terre la quantité d'humus qui lui est nécessaire, indispensable, et sans laquelle d'ailleurs les engrais chimiques ne peuvent donner aucun résultat utile. Le jardinier le sait bien, lui qui fait largement les choses, qui n'économise pas en huile pour gaspiller en mèche et qui depuis longtemps a appris, par expérience, que tout terrain est d'autant plus riche, d'autant plus facile à travailler qu'il est mieux fourni en humus et que c'est le fumier qui produit cet humus, ce terreau ; imitons le jardinier dans la mesure du possible ; si nous ne pouvons fu-

mer que cinq, dix, quinze hectares, ne disons pas : « Je
ne puis fumer tout ce que je veux ensemencer ;
ce n'est pas la peine d'atteler, de mettre tout mon
monde en mouvement pour cinq ou dix hectares ;
du reste, je vais essayer des engrais chimiques bien
supérieurs au fumier. » Non, ne soyons pas aussi
indifférents ; utilisons nos fumiers, si petite qu'en soit
la quantité disponible ; la surface fumée sera fertilisée
pour trois ans au moins et en continuant à procéder
ainsi, chaque année, nous arriverons à transformer
complétement notre propriété.

Il ne faut pas oublier qu'en fumant bien ses terres
on s'enrichit, tandis qu'en les fumant mal non seulement on s'appauvrit dans le présent, mais on ne
laisse que la misère, dans l'avenir, à ses enfants dont
l'existence sera devenue impossible sur un sol devenu
stérile.

Doit-on tirer de tout ce qui précède que les fumiers
de ferme peuvent seuls suffire pour obtenir les plus
forts rendements. Assurément non. On peut y ajouter les engrais chimiques renfermant les éléments que
l'on aura reconnus manquer dans les sols à cultiver,
toutes les fois que les conditions économiques indi-
queront que leur emploi est avantageux, mais seulement dans ces conditions. Il ne faut pas atteler la
charrue devant les bœufs, dit un vieux proverbe toujours vrai ; procédons donc par ordre, prudemment,
sagement, ne nous laissons pas emballer, pardonnez-
moi l'expression, commençons par nous servir du
fumier, de tout le fumier que nous avons à notre disposition ; faisons-en le plus qu'il nous sera possible ;
aménageons-le, conservons-le soigneusement ; plus
tard, lorsque le moment sera venu, lorsque les con-

ditions économiques nous le permettront, nous pourrons employer également les engrais chimiques en nous rappelant, qu'avant de s'en servir, tous les grands et intelligents chercheurs de grosses récoltes débutent par faire de l'humus avec le fumier de ferme.

LE FUMIER D'ÉTABLE

Il nous faut encore revenir sur ce sujet, parce que nous sentons, nous comprenons qu'en présence du courant qui entraîne bien des cultivateurs vers l'emploi inconscient et exclusif des engrais chimiques, il y a un véritable danger contre lequel il est de notre devoir de lutter.

Avec notre système agricole, le fumier d'étable, vu son bas prix et son efficacité sera pendant longtemps, quoique on en dise, l'engrais par excellence dans les conditions de culture normale.

Sur notre ferme algérienne ordinaire, avec sa terre à un prix relativement peu élevé et un sol fertile dans la plupart des cas, on doit prendre pour bases principales de l'augmentation des rendements, l'amélioration des méthodes culturales et l'emploi des fumiers d'étable ; les engrais artificiels qu'on représente presque partout et trop souvent aux cultivateurs comme base essentielle d'une bonne culture, ne doivent trouver leur vraie place que comme *engrais complémentaires*, désirables pour des fins spéciales.

A part ce fait que le fumier d'étable est un engrais complet, fournissant de la potasse, de l'acide phosphorique et de l'azote, qui sont regardés comme les seuls éléments de valeur dans les engrais artificiels, il y a cet avantage que le fumier semble avoir et a réellement sur le sol une action spécifique qu'on ne peut obtenir avec aucune combinaison d'engrais chimique.

Dans les expériences faites à Rothamsted, en Angleterre, avec les eaux de drainage des lots qui ont porté pendant plus de trente années consécutives la même récolte, on a observé que « tandis que les tuyaux de drainage de chacun des autres lots, dans le champ où l'on faisait la culture expérimentale du blé, coulaient abondamment peut-être quatre ou cinq fois chaque année, les drains des lots engraissés avec du fumier d'étable coulaient rarement plus d'une fois l'année et souvent pas du tout. »

Ce résultat est des plus importants à consigner pour notre culture algérienne, car il montre d'une manière frappante les bons effets du fumier d'étable sur le sol, en améliorant sa composition, et généralement parlant, sa condition mécanique et physique, amélioration qui fait que *les récoltes souffrent moins pendant les années de sécheresse.*

En examinant soigneusement les causes qui font qu'il coule peu d'eau dans les drains des lots engraissés avec du fumier d'étable, on a reconnu que ce résultat est dû à la grande puissance d'absorption et de rétention de l'humidité que présente le sol amendé près de la surface ; le pouvoir de retenir une grande quantité d'humidité, sous une forme assimilable et sans rendre le sol imbibé, semble donc être augmenté par l'application du fumier d'étable, et cela, avec l'augmentation de la porosité qui rend l'eau des couches inférieures du sol assimilable aux plantes qui se développent ; on comprend dès lors pourquoi les terres engraissées avec du fumier sont plus à l'abri des effets des saisons excessivement sèches.

Fumez donc vos terres le plus possible ; faites beaucoup de fumier, préparez-les, aménagez-les mieux ; enrichissez-les de tous les débris de la ferme, des eaux vannes, des eaux grasses, de phosphates finement pulvérisés, si vous jugez que vos terres sont pauvres en acide phosphorique, et c'est un peu le cas général ; améliorez vos méthodes culturales : c'est la vraie voie dans laquelle doit s'engager la culture algérienne ; c'est la seule économique, la seule profitable, celle au bout de laquelle elle trouvera sûrement, sans mécomptes, l'heureuse transformation à laquelle nous aspirons tous.

LES ENGRAIS PERDUS

On m'a presque reproché tout récemment d'avoir écrit quelques articles en faveur de l'emploi des fumiers de ferme ; on est même allé jusqu'à prétendre que j'étais un adversaire systématique des engrais industriels et commerciaux.

Ce reproche n'est pas fondé. Je n'ai jamais conseillé de ne pas faire usage de certaines substances fertilisantes, telles que les phosphates de chaux, par exemple ; je suis, au contraire, très chaud et très convaincu partisan de leur emploi dans tous les sols où l'acide phosphorique fait défaut ou se trouve en quantité insuffisante ; mais je ne puis admettre qu'on exagère l'importance de quelques engrais commerciaux à composition peu connue, très variable, et qu'on vienne nous soutenir qu'avec eux, on pourrait se passer, à la rigueur, des engrais de ferme ; nous ne voulons pas, en un mot, qu'on mette la troupe des auxiliaires au-dessus du gros de l'armée ; ceci, on en conviendra, n'est tout bonnement que du sens commun.

Tous les efforts des cultivateurs doivent tendre à diminuer le prix de revient de leurs produits ; or, ce n'est pas avec des phrases qu'on obtiendra d'eux ce résultat : c'est avec de l'engrais. Vous connaissez ce proverbe si commun dans nos campagnes : *Le premier épargné est le premier gagné.* Ceci signifie qu'avant d'acheter, il convient de bien soigner ce qu'on a sous la main et de ne rien perdre de ce que l'on peut recueillir autour de soi. En bonne économie rurale, il faut commencer par faire flèche de tout bois, quitte ensuite à aller chercher ailleurs les ressources qui nous manquent. C'est juste à ce moment que l'utilité des engrais artificiels nous est démontrée clairement, mais pas plus tôt.

Nous demandons donc d'abord aux cultivateurs s'ils n'ont aucun reproche à s'adresser, si leurs fumiers sont bien entretenus ; s'ils ne perdent pas une goutte de purin, d'eau de lessive, d'eau grasse, etc ; s'ils ont dépensé jusqu'au bout toute la menue monnaie de leurs substances fertilisantes.

Et si les cultivateurs répondent oui, nous leur reconnaîtrons le droit de délier les cordons de leur bourse et de se mettre en dépense ; mais s'ils répondent non, — c'est le cas le plus ordinaire, — nous leur contestons ce droit, attendu qu'acheter au commerce ce qu'on a chez soi pour rien, c'est une fantaisie de milionnaire que les humbles auraient tort de se permettre.

Ainsi donc, encore une fois, à moins qu'il ne s'agisse de défrichement, les engrais de la ferme doivent passer avant ceux de l'industrie ; quand les premiers sont rigoureusement épuisés, le tour des seconds arrive, mais pas avant.

Souhaitons tous qu'on épuise ceux de la ferme, après les avoir bien préparés et bien entretenus ; tout le monde y trouvera son compte : le cultivateur d'abord, et le commerçant ensuite.

CHOIX DES SEMENCES

Qui de nous n'a entendu affirmer avec le plus grand sérieux, que la qualité de la semence était chose négligeable et qu'il importait peu que le grain confié à la terre fut bien conformé, pesant, choisi parmi les meilleures variétés.

Il en est peu parmi nous qui n'aient vu, dans quelques régions, certains cultivateurs, aussi bien parmi lès européens que parmi les indigènes, mettre en réserve pour leurs semailles, les grains les plus petits, les plus défectueux, tandis que les plus beaux, sont livrés au commerce.

Il semble que cette désastreuse façon de procéder soit la conséquence de cette idée bien arrêtée que la terre seule joue un rôle dans la production de la récolte à venir, que quelque mauvais que sera le grain jeté, il devra naître et se développer en assurant un rendement élevé en quantité et en qualité.

C'est là, la théorie fataliste de l'indigène; elle ne peut être celle du vrai colon ; la terre ne rend qu'en proportion de ce qui lui a été confié; si la semence est bonne, le produit, toutes conditions égales, d'ailleurs, sera lui-même bon, tandis que toujours ou presque toujours, les récoltes obtenues de grains sans valeurs se présenteront elles-mêmes médiocres, soit comme qualité, soit comme quantité.

L'indifférence de ces cultivateurs pour le choix des semences qu'ils emploieront est d'autant plus inexplicable qu'ils attachent, en général, comme tous du reste, la plus grande importance à la qualité des reproducteurs dans les diverses espèces d'animaux domestiques.

Le choix de l'étalon, cheval, taureau, bélier est l'objet d'une grande attention, car ils savent parfaitement que du père, dépendront en grande partie, la conformation, les qualités du produit; ils n'ignorent pas que, s'ils ont livré leur jument à un étalon défectueux, ces mêmes défectuosités apparaîtront presque sûrement chez le poulain; ils savent enfin qu'un taureau de race laitière ou apte au travail, transmettra à ses descendants ces mêmes qualités spéciales.

Et, cependant, sans réfléchir que pour les espèces végétales les conséquences d'un mauvais choix de semences sont absolument les mêmes que celui des reproducteurs dans les espèces animales, ces cultivateurs prennent ou achètent leurs semences à l'aventure, sans y apporter la moindre attention; ils mettent ensuite sur le compte des conditions météorologiques, du sol, etc., les quantités inférieures et de mauvaise qualité qu'ils récoltent et qu'ils ne vendent que très difficilement au commerce.

Il faut de toute nécessité abandonner ces procédés routiniers que la théorie et la pratique ont depuis longtemps condamnés comme funestes à notre richesse agricole générale et aux intérêts privés des cultivateurs.

Depuis longtemps en France et aussi en Angleterre, en Suède, dans le Danemarck, on n'emploie plus que des blés qu'une sélection longue et intelligente a rendus précieux par les rendements qu'ils donnent.

Nous ne conseillerons point aux colons d'employer ces blés étrangers à haut rendement; nous ne savons pas encore bien sûrement de quelle façon ils se comporteraient chez nous ; quelques expériences déjà faites sembleraient, au contraire, démontrer qu'ils sont inférieurs aux nôtres, soit parce que les conditions climatériques leur sont défavorables, soit parce qu'ils sont plus exigeants pour leur nourriture et leur développement.

Nous voudrions voir chaque cultivateur avoir sa pépinière de blé ou d'orge sur une partie de la ferme riche en engrais, bien préparé par des labours et des hersages convenablement donnés ; on y ensemencerait en lignes, de façon à pouvoir y pratiquer les binages et sarclages nécessaires ; les grains semés auraient été choisis non parmi les plus gros, mais surtout parmi les plus pesants, les mieux faits dans les meilleures variétés connues dans la région. La première récolte donnerait sûrement des grains supérieurs parmi lesquels une nouvelle sélection assurerait pour l'année suivante une semence améliorée ; en procédant de cette façon pendant cinq ou six ans, on parviendrait à obtenir une variété fixe bien supérieure à celle dont elle est sortie et qui nous assurerait des récoltes élevées, soit comme rendement, soit comme qualité.

Ce n'est pas autrement qu'ont procédé en France et en Angleterre les créateurs de ces blés dits à hauts rendements, s'élevant parfois jusqu'à 40 hectolitres à l'hectare ; c'est cette méthode qu'ont suivie MM. Franceschi, à Châteaudun, et Lecavellier, à l'Oued-Atménia, pour obtenir dans la variété adjini ces beaux blés de semoule qui leur sont payés trente francs et plus par quintal par tous ceux qui désirent avoir de bonnes semences.

C'est un bon exemple facile à suivre et c'est pour ce motif que je vous l'ai fait connaître en terminant.

LES FUMURES D'AUTOMNE

Un de nos lecteurs, qui se propose d'ensemencer en blé une certaine surface, nous demande s'il peut, avec quelque succès, répandre sur sa terre moitié fumier et moitié engrais chimiques.

S'il s'agissait d'associer le phosphate de chaux au fumier, nous n'hésiterions pas à conseiller l'emploi du mélange en vue des semailles d'automne ; nous lui recommanderions, en même temps, de n'employer que des phosphates très pulvérulents, moulus avec beaucoup de soins ; plus la pulvérisation a été poussée loin, plus la poudre vaut. C'est là une vérité mise en évidence par M. Grandeau, le savant directeur de la Station agronomique de Nancy, qui a prouvé depuis déjà quelques années par ses belles expériences que les phosphates minéraux parfaitement pulvérisés produisent dans certains cas, le même effet sur les céréales que les superphosphates.

Mais si, par engrais chimiques, notre correspondant entend parler d'engrais azotés, tels que le sulfate d'ammoniaque ou le nitrate de soude, c'est une autre affaire. Il vaut mieux en ajourner l'emploi à la sortie de l'hiver, au moment où le réveil de la végétation va se produire. En voici la raison :

Le fumier de ferme suffit largement pour la levée et les premiers besoins des céréales avant l'hiver. Il n'est donc pas nécessaire de leur fournir une fumure complète dont elles ne profiteraient aucunement pendant la saison rigoureuse. Vous connaissez le proverbe : « Qui dort dîne ». Eh bien ! le blé d'automne dort et n'a, par conséquent, pas besoin de nourriture. Ce que vous lui donneriez d'engrais chimiques se perdrait en partie à l'époque des grandes pluies et ce qui se perdrait ainsi ne profiterait pas à la plante.

En résumé, il faut se contenter, au moment des semailles, du fumier de ferme, associé au phosphate de chaux bien pulvérisé, et réserver les engrais chimiques azotés pour les semer en couverture aux premiers jours du printemps.

SEMAILLES

La moisson est terminée ; déjà la plus grande partie de la récolte, surtout chez l'indigène, a pris le
chemin des magasins du commerçant ; elle a atteint
une bonne moyenne et comme qualité et comme
quantité ; les prix, au début notamment, ont été suffisamment rémunérateurs ; tout fait espérer que l'an
prochain ils seront encore meilleurs, si le droit de
5 francs sur les blés étrangers est strictement appliqué.

Mais ce sillon est à peine recouvert, qu'il va falloir
en ouvrir un autre ; l'année agricole est terminée, il
faut songer à préparer celle qui va suivre. Déjà, sur
quelques points des Hauts-Plateaux et aussi du
littoral, en terres franches, les agriculteurs prévoyants
ont commencé leurs labours, partout où les orages
de septembre les ont rendus possibles.

Ceux-là n'ignorent pas que le grain semé à bonne
heure, fin octobre, dans les premiers jours de novembre, est celui qui vient le mieux, parce que c'est
alors, en année normale, que les terres se trouvent
dans les conditions d'humidité et de température les
meilleures pour une prompte germination ; ils savent
également que les semis tardifs, tombant le plus souvent en terres boueuses, noyées, mal aérées, ger-
ment mal et ne lèvent qu'à une époque coïncidant

presque toujours avec les grands froids, les gelées intenses ; et, dans d'aussi mauvaises conditions, la jeune plante est presque toujours arrêtée dans son développement, quand elle n'est pas souvent détruite.

N'est-ce pas ce qui malheureusement s'est produit l'an dernier, notamment sur les orges tardivement semées, dont les premières pousses saisies par le froid excessif ont été pour la plupart gelées ?

Mais il ne suffit pas seulement de semer de bonne heure pour avoir le droit d'espérer une bonne et belle moisson ; il faut encore que le grain confié à la terre soit de qualité supérieure, irréprochable, de façon à ce que sa descendance, passez-moi l'expression, soit également supérieure, irréprochable.

Ne croyez pas à ces contes, à dormir debout, de gens qui viendront vous affirmer gravement que le grain petit, chétif, déformé, vous donnera une aussi belle récolte que celui choisi avec soin parmi les plus beaux, les mieux conformés, les plus lourds. Ne les écoutez pas s'ils vous disent qu'ils vaut mieux vendre son beau blé et garder le mauvais pour la semence ; ce n'est pas là une affaire avantageuse : pour deux francs par quintal que vous gagnerez peut-être au moment de la vente, vous en perdrez sûrement le double ou le triple à la récolte prochaine, soit comme qualité, soit comme quantité.

Voyons, du reste, de quelle façon nous opérons pour nos animaux domestiques ? Est-ce que lorsque nous avons le désir d'avoir un produit de notre jument, de notre vache, nous allons chercher le plus mauvais djadour de la région ou le taurillon le plus avorté du douar voisin ? Nous nous en garderions bien ; nous savons trop bien qu'un père défectueux, mal conformé, taré ne peut engendrer qu'un produit représentant toutes ses tares, toutes ses défectuosités ; or, nous ne voulons nullement d'un animal semblable qui ne nous ferait pas le moindre honneur et ne remplirait pas davantage notre escarcelle. Et alors, comme nous savons qu'il y a au dépôt de monte voisin, des étalons d'une valeur incontestable, remarquables par leur origine, nous nous empressons d'y faire conduire notre jument ; comme nous savons que notre voisin plus fortuné ou plus habile que nous, a un superbe taureau, dont les qualités comme race de travail ou laitière sont bien connues, nous n'hésitons pas à le lui demander pour notre vache.

Eh bien, le choix de la semence, le choix du grain que vous devez confier au sol, a absolument la même importance ; soyez donc aussi exigeant, aussi regardant pour le grain que vous semerez, que vous l'êtes sûrement pour le géniteur que vous voulez donner à vos femelles domestiques ; des deux côtés le résultat est le même : la terre est le réservoir dans lequel la plante puise tous les sucs nourriciers propres à sa naissance, à son développement ; confiez-lui une semence de haute valeur, elle vous rendra une plante de haute valeur ; si vous lui donnez, au contraire, cette semence chétive, avortée, elle ne pourra vous rendre, dans les conditions normales, qu'une plante grêle, maigre, sans vigueur. Si vous voulez donc augmenter vos rendements, et vous y avez tout intérêt, il faut de toute nécessité ne semer que des grains de choix, triés avec soin et vous savez qu'il existe, pour cette opération très simple de triage, des appareils appelés trieurs (Marot, Pernollet) à prix relativement peu élevé et qui sépare complètement le bon grain du mauvais.

Toutes ces choses-là sont bien connues en Angleterre, en France, où depuis quelque temps déjà, bon nombre de cultivateurs préparent chaque année leurs semences pour l'année suivante. Leur procédé est très simple ; vous allez en juger. La moisson terminée, ils choisissent dans leur récolte une certaine quantité de grains les plus beaux, les mieux conformés et les plus lourds, et les sèment, au moment voulu, sur un terrain riche en engrais, bien préparé par des labours et des hersages : ils ont soin de semer clair et en lignes espacées, de façon à pouvoir y pratiquer des binages ; ils obtiennent ainsi, dans cette sorte de pépinière, des tiges de belle venue, des épis superbes et enfin des grains d'une grande valeur qui, en automne, leur assurent toujours, l'année suivante, une récolte supérieure en qualité et en quantité à celle de leurs voisins ; et cette supériorité, et c'est là l'important, se traduit naturellement sur le marché par une offre plus élevée et à la maison par une bourse mieux garnie ; le proverbe sera toujours vrai : *Bonne semaille, vaut bonne grenaille.*

LA CUSCUTE

Depuis quelques jours, il nous est bien parvenu une dizaine de lettres nous demandant le moyen de débarrasser de la cuscute les luzernières envahies.

Cet article répondra, nous l'espérons, aux demandes qui nous ont été adressées.

La cuscute est de la même famille que les liserons, si redoutés des viticulteurs ; ce serait déjà, vous le voyez, une mauvaise recommandation si, par elle-même, par les dommages qu'elle cause, elle n'était l'objet de l'aversion des cultivateurs ; cette aversion est, du reste, bien caractérisée par les noms qui lui ont été donnés de *teigne, rogne, rache, cheveux du diable*. Vraie parasite, elle vit de la substance des plantes auxquelles elle s'attache et qu'elle fait mourir.

Elle ne vit qu'un an et ne se multiplie que par ses graines. Si on l'empêchait donc de grainer, on en verrait bientôt la fin ; on ne prend malheureusement pas cette peine ; on la laisse se ressemer sur place et quelquefois même on la coupe avec le fourrage. Qu'arrive-t-il dans ces conditions ? Les semences mûres tombent dans la litière, après être passées, sans être digérées, par l'estomac des animaux ; par suite, les fumiers longs que l'on transporte aux champs peuvent en contenir toutes les fois que les animaux ont mangé du fourrage infesté de cuscute.

On comprend, dès lors, que l'on puisse semer de la graine de luzerne ou de trèfle rigoureusement pure et que l'on en retrouve à un moment donné dans la prairie ; on a introduit l'ennemi dans la place sans y songer ou sans s'en apercevoir.

La première précaution à prendre consiste donc à ne pas donner de fourrages verts cucustés à ses bêtes et, par conséquent, à ne pas enfouir de fumier suspect dans les champs destinés à porter des prairies artificielles.

Lorsque de ce côté, il n'y a plus rien à craindre, il convient de s'assurer de la pureté des graines fourragères que l'on se propose de semer. Quand on les achète, il faut toujours s'adresser à des producteurs ou à des marchands dont la réputation est bien établie.

Il est toujours aisé de séparer les graines de cuscute qui sont très petites des graines de trèfle et de celles de même volume que ces dernières. On commence par frotter la semence fourragère de façon à briser les capsules de cuscute qui peuvent s'y rencontrer et à mettre ces petites graines en liberté ; cette opération faite, on passe au crible ; les semences de cuscute passent, tandis que les graines fourragères restent sur le crible.

Il est un autre moyen plus expéditif et plus simple encore, qui se résume à jeter tout simplement les graines à essayer dans un baquet rempli d'eau ; les semences fourragères de bonne qualité vont au fond, tandis que les capsules de cuscute surnagent ; on enlève d'abord celles-ci rapidement, puis celles de fourrage qu'on a le soin de sécher le plus vite possible en les roulant dans de la cendre ou de la terre sèche.

C'est donc une opération à faire la veille ou dans la matinée du jour où le semis doit avoir lieu.

Supposons maintenant qu'aucune des précautions qui précèdent n'a été prise et que des taches de cuscute se montrent dans une prairie artificielle. Comment s'y prendra-t-on pour détruire ces taches et les empêcher de s'étendre ?

Depuis plus de cinquante ans, on a proposé plus de cent moyens pour détruire la cuscute ou l'arrêter dans son développpement ; c'est ainsi qu'on a conseillé le piochage, l'incinération, l'épandage de la tannée, etc. sur les plaques cuscutées ; tous ces moyens laissent beaucoup à désirer parce qu'ils n'empêchent généralement pas le parasite d'apparaître de nouveau.

Le procédé qui a donné jusqu'à ce jour le meilleur résultat consiste à faucher rez de terre les endroits envahis par la cuscute ; on rassemble les débris avec soin et on les transporte dans un sac au dehors de la luzernière, et on les brûle ; puis, avec une dissolution de *couperose verte* ou *sulfate de fer*, à raison de 5 à 8 kilogrammes par 100 litres d'eau et au moyen d'un arrosoir à pomme percée de petits trous, on arrose toute la surface qui a été nettoyée. Sous l'action de cette solution vitriolique, les fragments de tiges qui sont encore enroulés aux collets de la luzerne ou qui existent encore sur le sol prennent promptement une teinte brune et perdent leur vitalité.

Si l'opération est bien faite et par un temps sec, trois jours suffiront pour faire disparaître la plante parasite.

LE HANNETON

I.

Vous avez dû remarquer ces derniers jours, dans les champs de blé et d'orge, de larges plaques, le plus souvent sans forme déterminée, qui paraissent avoir été fauchées ou mangées. Tout autour, la végétation est vigoureuse, déjà grande ; les tiges sont hautes et droites et leur sommet commence à se courber au souffle du vent. Dans la plaque il semble que la semence n'a pas germé, ou n'a pas levé ; quelques rares tiges apparaissent, courtes, maigres, jaunes à leur base ; elles ne tarderont pas à disparaître aux premiers jours de chaleur.

C'est là l'œuvre de la larve du hanneton, du *man*, du *turc*, du ver blanc comme on l'appelle en France, du *douda* ainsi que le nomment les khammès.

Nous ne lui prêtons aujourd'hui qu'une médiocre attention ; la grande étendue de nos emblavures nous porte à considérer comme peu importants les dégâts qu'il cause dans nos récoltes ; et cependant le nombre de ces insectes s'accroît chaque année dans notre département dans des proportions considérables et nous serions effrayés, j'en suis persuadé, si une statistique bien établie venait nous faire connaître les dommages qu'ils causent chaque année à notre agriculture en général.

Et quand je dis que leur nombre s'accroît chaque année d'une façon inquiétante, croyez bien que je n'exagère nullement. Demandez aux cultivateurs indigènes leur avis à ce sujet ; ils vous répondront que les *doudas* sont surtout en grande quantité depuis que la charrue française est employée, que nous les apportons partout où nous implantons notre pratique agricole.

Il y a là évidemment une exagération semblable à celle que l'on retrouve dans la plupart des opinions exprimées par les indigènes ; il ne faudrait cependant pas la repousser complétement.

On sait que le hanneton ne vit pas dans les terrains en friche ; il faut à la larve qui ronge les racines, une terre absolument meuble pour y circuler ; elle n'a aucun moyen de cheminer dans une terre inculte ; elle devait par suite être relativement assez rare en Algérie, alors que le système pastoral y était le mode de culture presque exclusivement suivi.

Aujourd'hui, avec les progrès de la colonisation, implantant un peu partout nos méthodes culturales progressives de défoncement, de labours répétés, nous réalisons les conditions favorables à l'existence du ver blanc, du douda et aidons, comme conséquence, à son accroissement en nombre. Il y a donc, on le comprend maintenant, quelque chose de vrai dans les assertions des indigènes.

La larve vit, du reste, de toutes les espèces végétales dont elle ronge les racines ; elle détruit aussi bien les jeunes plantations de vigne que les légumes dans les jardins potagers, que les récoltes des diverses céréales.

Je me souviens avoir vu, dans deux régions diamétralement opposées, le Hamma et Aïn-Smara, mais dans des terres également bien ameublies, des parcelles de jeune vigne absolument détruites par le douda ; la partie supérieure des jeunes souches se détachait généralement au-dessous du collet sans grand effort et à l'examen on retrouvait, au point de séparation, les traces évidentes du travail de destruction accompli par l'insecte ; à la partie la plus basse les jeunes racines avaient été mangées en grande partie et le bois était également entamé.

La lutte n'est pas facile contre le hanneton, surtout à l'état de larve ; son mode de développement lui permet d'échapper facilement, dans la plupart des cas, aux moyens de destruction qui réussissent employés contre beaucoup d'autres insectes.

Et puis, les intempéries des saisons, contrairement à l'opinion généralement admise dans nos campagnes, n'ont pas la moindre action fâcheuse sur lui. Il supporte à merveille les froids les plus intenses, les pluies les plus longues, les plus abondantes ; son instinct, très curieux à constater, fait qu'il se soustrait d'ailleurs à ces influences fâcheuses ; l'hiver est-il doux, les vers blancs ou doudas sont à une faible profondeur dans le sol ; une petite gelée survient-elle, on ne les trouve plus qu'à une profondeur plus grande, la gelée est-elle devenue forte et persistante, ils descendent à une profondeur qui dépasse souvent un mètre et à laquelle ils n'ont plus à redouter, on le comprend, les effets d'un froid rigoureux.

Les différentes phases parcourues par le hanneton pour arriver à l'état parfait sont bien différentes de celles observées chez les autres insectes ; en effet, alors que parmi ces derniers l'évolution complète ne demande que quelques mois, une année au plus, chez le hanneton cette évolution dure ordinairement trois années.

Nous en reparlerons dans un prochain article en même temps que des moyens les plus srus pour détruire l'insecte, soit à l'état de larve, soit à l'état ailé.

II.

Déjà, depuis plus de quinze jours, tout autour de nous, dans le silence de la soirée, se fait entendre le cri-cri du hanneton ; l'éclosion a eu lieu vers la fin d'avril, ou au commencement de mai ; à la suite d'une pluie peu froide l'insecte parfait est allé se loger à la face inférieure des feuilles des arbres à sa portée. Jusqu'à une heure assez avancée de la nuit il fait entendre son appel monotone ; le matin il devient muet, immobile et comme paralysé ; le froid humide en fait périr alors une grande quantité, c'est pourquoi le nombre en est relativement moins grand sur les Hauts-Plateaux que sur le littoral.

Pendant la courte durée de leur existence à l'état parfait, 25 à 30 jours, les hannetons dévorent les feuilles des arbres qu'ils dépouillent quelquefois à tel point qu'on a vu des arbres fruitiers ainsi ravagés ne donner de fruits que deux ans après ; c'est à ce moment qu'à lieu l'accouplement ; celui-ci terminé, les femelles fécondées vont, après le coucher du soleil, effectuer leur ponte dans le sol à une profondeur de 12 à 15 centimètres ; les œufs déposés sont généralement au nombre d'une cinquantaine ; ils éclosent au bout de cinq semaines environ ; ce sont les larves en sortant qui, sous le nom de vers blancs, turcs, doudas, vont immédiatement rechercher les racines nécessaires à leur nourriture et à leur développement. A l'automne de la même année, ces larves s'enfonceront profondément pour passer l'hiver, alors qu'au printemps suivant elles remonteront et s'installeront sur les racines des plantes, qu'elles détruiront; c'est pendant cette deuxième année de leur existence où leur taille prend tout son accroissement, qu'ils font le plus de dégâts.

Au mois de septembre ou d'octobre suivant, au deuxième automne, les larves s'enfoncent de nouveau dans le sol, quelquefois à plus d'un mètre de profondeur pour y passer dans le repos la mauvaise saison. Vers le mois d'avril de la deuxième année, elles remontent encore une fois dans la couche de terre végétale, mais comme elles n'ont plus à grandir elles prennent moins de nourriture et sont pour cette raison moins préjudiciables ; en outre, dès le mois de juillet elles commencent les apprêts de leurs métamorphose finale et redescendent à une profondeur variant entre 0^m65 et 1 mètre ; à ce point elles se façonnent une loge, puis se transforment en nymphes dans le courant de novembre ; elles restent deux mois sous cette forme. En janvier la transformation est complète, mais le hanneton ne sort pas encore de terre ; il ne trouverait rien à manger à cette époque ; il s'élève seulement peu à peu, et dès les premiers jours d'avril, il est très rapproché de la surface. Par une belle soirée, un peu humide, à la fin d'avril ou au commencement de mai, il se dégage entièrement et vole sur le premier arbre voisin.

Vous le voyez, la vie souterraine du hanneton dure bien trois ans.

Je vous ai dit précédemment qu'il était bien difficile de lutter contre cet insecte, alors surtout qu'il est à l'état de larve. Il semble, en effet, que tous les moyens de destruction employés contre lui, alors qu'il est à cette première période de développement, ne donnent pas tous les résultats désirables ; certains de ces moyens ne sont cependant pas à négliger. Les labours moyens et profonds en retournant la terre, amènent à sa surface une grande quantité de larves qui seront ramassées par des femmes et des enfants suivant la charrue. M. Reiset cite le cas d'un hectare et demi sur lequel on aurait ramassé de cette façon en quinze jours 344 kilogrammes de vers blancs.

D'autre part, si l'on tient compte de ce fait qu'au commencement d'octobre, si l'automne est chaud, les larves se tiennent très rapprochées de la surface du sol, on comprend qu'il soit aisé d'en enlever des quantités considérables au moyen d'un hersage répété.

Enfin, toujours dans le même but, les injections de benzine et de sulfure de carbonne surtout, dans un sol infesté de vers blancs, peuvent en détruirent un très grand nombre ; c'est un procédé préconisé par M. Croizette-Resnoyers, de Fontainebleau, et que nous avons expérimenté avec succès sur un petit espace, à Constantine.

Quoiqu'il en soit, la chasse à l'insecte parfait donne de bien plus grands résultats ; par elle, on peut arriver à en débarrasser sinon complétement, mais tout au moins d'une façon très appréciable, des régions infestées. Cette chasse doit être commencée avant que les hannetons aient déposé leur funeste semence en terre, dès que les premiers de ces insectes apparaîtront ; elle doit être continuée sans relache jusqu'à la fin de mai, afin de les détruire avant qu'ils ne pondent.

C'est le matin qu'il est bon de les chercher, car à ce moment, ainsi que je vous l'ai indiqué, fatigués d'avoir voleté la plus grande partie de la nuit, ils se tiennnent immobiles, comme engourdis, et le moindre choc imprimé à l'arbre qui leur sert de refuge les fait tomber.

Sur de nombreux points, en France, les cultivateurs ayant éprouvé de grandes pertes à la suite d'invasions considérables de leurs cultures par les hannetons, ont formé de véritables syndicats de défense ; quelques-unes de ses associations ont pu ramasser par ce moyen jusqu'à 10,000 kilogrammes d'insectes ; dans ce cas, comme dans bien d'autres, les syndicats ont prouvé les excellents résultats qu'ils peuvent donner pour la défense d'intérêts communs.

Depuis quelques temps il est fortement question de détruire le ver blanc en le faisant attaquer par un champignon particulier ; ce système de défense, préconisé par M. Le Moult, président du *Syndicat de Hannetonnage* de la Mayenne, qui le premier a trouvé le champignon parasitaire, et par M. A. Giard, professeur à la Sorbonne, qui vient de réaliser la culture artificielle de ce champignon, ne tardera pas à entrer dans le domaine pratique ; ce n'est qu'une question de temps et tout me fait prévoir que nous n'attendrons pas longtemps.

LE VER BLANC ET SON PARASITE,

LE *Botrytis tenella*

Dans sa séance du 9 octobre dernier, le Conseil général de Constantine, sur la proposition d'un de ses membres, M. Bonnefoy, votait une ouverture de crédit de 500 francs destinés à l'achat de tubes de *botrytis tenella*, champignon parasitaire du hanneton et de sa larve.

Cette décision montre une fois de plus tout l'intérêt que notre Assemblée départementale porte aux questions agricoles, si importantes pour la prospérité de notre région ; et M. Bonnefoy, en faisant connaître les grands dommages que les larves du hanneton causent à nos récoltes, en demandant qu'on tente contre elles les expériences de destruction par le *botrytis tenella*, ayant déjà donné des résultats certains en France, a réellement été bien inspiré.

Il est indispensable, en effet, qu'en Algérie, nous nous préoccupions, comme on le fait en France depuis quelques années déjà, de combattre les vers blancs ; car il n'y a pas à se le dissimuler, si les ravages commis par ces larves ne sont pas, à première vue, aussi terrifiants que ceux causés par les sauterelles, il ne faut pas perdre de vue, cependant, qu'ils sont continus, se produisent sur tous les points du territoire et se traduisent chaque année par des pertes que nous évaluons, au bas mot, à 30 millions de francs. En France, cette perte a été évaluée, par M. Grandeau, à 300 millions.

On sait comment procède l'insecte ; à l'état parfait, alors qu'il est pourvu d'ailes, il ne vit guère que 20 à 30 jours, pendant lesquels il se nourrit exclusivement de feuilles d'arbres ; durant les derniers jours de son existence, la femelle creuse en terre un trou de 12 à 15 centimètres de profondeur, dans lequel elle dépose une cinquantaine d'œufs ; ces œufs donnent naissance à la larve connue en France sous le nom de *ver blanc*, en Algérie, sous le nom de *douda*.

Cette larve s'enfonce immédiatement dans le sol à des profondeurs variables suivant la nature du sol, la température, et y passe trois années en général, vivant des racines des plantes qu'elle recherche avec avidité et autour desquelles elle creuse de véritables galeries ; c'est surtout pendant le cours de la deuxième année, époque à laquelle elle prend tout son accroissement, qu'elle commet le plus de dégâts.

C'est contre l'insecte parfait que la lutte a tout d'abord commencé en France ; dans ce but, des syndicats de hannetonage donnant une prime relativement élevée par quantité déterminée de hannetons recueillis se sont formés un peu partout, dans les centres agricoles envahis ; les résultats très appréciables obtenus par ces syndicats ne devaient pas tarder à être complétés par une découverte permettant de détruire en même temps par le même procédé et l'insecte parfait et la larve, contre laquelle on était relativement impuissant.

En effet, en 1890, M. Le Moult, président d'un syndicat de hannetonage, remarquait dans une prairie un certain nombre de vers blancs recouverts d'une moississure blanche ; il les recueillait et en adressait une certaine quantité à M. Giard d'abord et à M. Prilieux ensuite. Ces deux savants reconnaissaient que cette moississure blanche était formée par un champignon particulier l'*isaria densa*, d'après M. Giard, le *botrytis tenella*, suivant M. Prillieux ; ils l'isolaient et le reproduisaient ensuite artificiellement sur des milieux appropriés ; c'est au moyen de ce germe, ainsi reproduit, qu'ils ont inoculé la maladie à des vers sains qui sont morts à la suite de l'inoculation, les uns au bout de dix jours, les autres au bout de quinze.

La moissure blanche que l'on remarque sur les vers atteints constitue ce qu'on appelle le *mycelium* du champignon, *mycelium* sur lequel se développent les spores ; ce sont ces spores qui déterminent la mort des vers inoculés ; et cette mort se caractérise toujours par une coloration en rose très clair, en même temps que le corps présente une dureté particulière ; la larve se momifie et se recouvre de filaments mycéliens qui s'allongent et envoient de droite et de gauche des ramifications qui s'infiltrent dans la terre environnante. Cette terre étant parsemée de ces filaments portant les spores destructives, les vers blancs qui s'y rencontreront en seront rapidement atteints, mourront et déposeront à leur tour, dans le milieu où ils seront fixés, de nouveaux filaments mortels ; par suite, la maladie se répandant de proche en proche, fera indéfiniment de nouvelles victimes qui, indéfiniment aussi, créeront un nombre considérable de foyers.

C'est sur cette propriété destructive, que vient augmenter une propagation rapide et facile, qu'est basé l'emploi du *botrytis tenella* contre le hanneton et sa larve ; et c'est ce mode d'emploi, au point de vue pratique, que nous allons examiner.

La première des conditions pour le cultivateur, la plus importante, était d'avoir à sa disposition économiquement et en quantité suffisante le champignon meurtrier ; en effet, si on n'avait pu utiliser que celui trouvé dans les champs infestés ou encore celui obtenu dans les laboratoires par cultures artificielles, il aurait fallu renoncer complétement à toute idée de vouloir l'employer pour toute destruction un peu importante ; le prix de revient en eut été beaucoup trop élevé.

Cette difficulté n'existe pas, fort heureusement, et l'on arrive, par un procédé, simple et peu coûteux, à avoir à sa disposition, le moment venu, toutes les quantités du champignon morbide nécessaires à la lutte contre le hanneton et sa larve, même sur des espaces relativement étendus.

C'est ce procédé, particulièrement recommandé par MM. Fribourg et Hesse, qui ont fait une étude spéciale de la question, qu'il est important d'employer dans tous les terrains infestés.

Il consiste à prendre une terrine plate que l'on tapisse d'une couche de terre d'environ un centimètre, assez peu profonde pour que les verres ne puissent s'y cacher ; on imbibe légèrement d'eau cette couche de terre et on y dépose une centaine de vers blancs ; il est indispensable de veiller à ce que la terrine soit assez grande pour que les vers blancs ne se blessent pas les uns les autres, ne s'atteignent pas avec leurs pinces, de façon à ce qu'ils ne meurent que de la mort provoquée par le traitement au moyen des spores du *botrytis tenella*.

On reconnaît d'ailleurs que le ver n'a pas succombé à l'innoculation par les spores quand, au lieu de prendre une couleur rosée caractéristique, au lieu de se momifier, il noircit au contraire, se ramollit, se décompose.

On bat ensuite un blanc d'œuf dans environ 20 centilitres d'eau (la valeur d'une grande cuillérée à bouche) on y verse le contenu d'un tube Hesse et Fribourg contenant le champignon, en ayant soin de bien mélanger ; on répand ensuite le tout sur les vers blancs, soit en les aspergeant, soit, de préférence, en les touchant avec un pinceau près de la tète et sur les côtés.

Au bout d'environ dix heures, les vers sont atteints de la maladie ; on les prend un à un avec précaution pour ne pas les endommager ou les blesser et on les disperse en les enfonçant à environ vingt centimètres de profondeur dans les diverses parties du terrain, en ayant soin de recouvrir de terre et de choisir, de préférence, les endroits les plus attaqués par les vers blancs.

Le moment le plus propice pour se livrer à la destruction des vers blancs au moyen des spores du botrytis est celui où ils sont les plus rapprochés du sol, c'est-à-dire vers la fin mars et au commencement d'avril, en Algérie, suivant que le printemps est plus ou moins hâtif, que la température est plus ou moins élevée ; c'est à ce moment qu'il faut parsemer d'individus malades les terres qu'on veut désinfecter, en s'efforçant de placer les foyers de contamination dans la couche de terrain où les vers sembleront se mouvoir.

On estime généralement que deux tubes Hesse et Fribourg suffisent pour contaminer un assez grand nombre de vers qui, disséminés dans un hectare, entraîneront la mort de tous les autres pouvant s'y rencontrer ; chaque tube contient 3 gr. 97 de matière active et se vend 5 francs ; la dépense pour un hectare s'élèverait, main-d'œuvre non comprise, à 10 francs ; on reconnaîtra que c'est peu pour la préservation de récoltes en céréales, dont la valeur moyenne s'élève toujours de 150 à 200 francs.

LA BRONCHITE VERMINEUSE

On nous demande des renseignements sur la bronchite vermineuse qui, paraît-il, déterminerait une mortalité relativement élevée parmi les troupeaux de diverses régions de notre département. L'importance de cette question nous décide à écrire sur ce sujet un article spécial dont tous nos lecteurs, ceux surtout se livrant à l'élevage pourront profiter.

La bronchite vermineuse presque toujours, chez nous, revêt un caractère épizootique ; comme l'indique le qualificatif qui lui est associé, elle est déterminée par la présence dans les ramifications bronchiques de vers qui les obstruent plus ou moins, suivant leur nombre et peuvent donner lieu à l'asphyxie.

Ces vers appartiennent au genre *strongle*, d'où le nom de *strongylose*, qu'on a proposé de donner à cette maladie; expression assez heureuse parce qu'elle fait naître l'idée de la nature du mal et de sa cause spéciale, le ver *strongle*, dont les espèces varient suivant les espèces animales qui en sont infectées ; en sorte qu'il ne semble pas que cette maladie soit transmissible d'une espèce à autre ; c'est donc seulement dans la même espèce que sa transmission s'effectuerait.

Quand on examine l'appareil respiratoire d'un mouton infecté de strongles, on constate que ces vers forment des pelotons de un à plusieurs centimètres de longueur qui se prolongent dans les ramifications les plus tenues des bronches. Si l'on fait l'autopsie immédiatement après la mort, les strongles témoignent leur vitalité par leurs mouvements; mais ils peuvent rester vivants longtemps encore, quoique immobiles; il suffit pour les ranimer de les immerger dans un peu d'eau tiède.

A côté des vers adultes, mesurant de 4 à 8 centimètres de longueur, que l'on rencontre dans les bronches, il y en a d'autres de dimensions microscopiques qui sont logés dans les vésicules pulmonaires qu'ils ont transformées par leur action irritante, en petites tumeurs d'apparence tuberculeuse. Ces petits vers sont les larves de ceux qu'on trouve dans les ramifications bronchiques.

Une fois dégagés de la logette où ils ont été déposés par leurs mères, ils trouvent dans les canaux bronchiques l'espace nécessaire pour leur développement et y acquièrent graduellement les dimensions que nous avons indiquées.

La présence des vers dans les bronches donne lieu à une toux plus ou moins forte se répétant souvent, avec phénomènes asphyxiques assez fréquents, et qui peut être suivie de l'expulsion par la bouche et les cavités nasales de mucosités dans lesquelles se trouvent en suspension des vers isolés ou réunis en paquets. Ces vers sont le plus souvent vivants et accusent leur vitalité par les mouvements auxquels ils se livrent.

Ce sont eux qui sont les agents de la transmission

de la bronchite vermineuse aux animaux de même espèce qui vivent avec les animaux infectés. Lorsque ceux-ci rejettent, à la suite d'accès de toux, des mucosités chargées de strongles, si ces mucosités tombent sur des aliments humides, dans des eaux où les animaux s'abreuvent, les strongles s'y conservent assez longtemps; et même lorsqu'ils viennent à mourir, leurs œufs éclosent et les petits doués d'une grande tenacité de vie sont toujours prêts pour des infections nouvelles qu'ils réalisent lorsque les animaux susceptibles de les recevoir, de les loger, viennent boire les eaux qu'ils infectent ou mangent les aliments sur lesquels ils ont été déposés.

La bronchite vermineuse est donc une maladie contagieuse puisqu'elle se transmet d'un animal à un autre par l'intermédiaire d'un élément vivant, la larve, et le même ver tout formé, infectant les eaux troubles, boueuses ou marécageuses.

On l'observe plus particulièrement sur les jeunes agneaux qui y sont plus prédisposés sans doute parce qu'ils constituent pour les vers un milieu plus favorable à leur développement.

Le traitement de la bronchite vermineuse doit être tout d'abord préventif. Dans les régions où elle règne, il importe tout d'abord de maintenir complétement isolés tous les animaux reconnus malades afin d'éviter la transmission par les mucosités que ceux-ci expectorent.

Il faudrait en deuxième lieu, si la chose était possible, ne faire boire les troupeaux que dans des eaux courantes, et encore mieux à la bergerie ou à l'étable. Les animaux buvant tour à tour dans des seaux vidés et nettoyés chaque fois, il serait bon de faire dissoudre dans cette eau un peu de sel de cuisine pour lui donner de la sapidité.

Cette mesure préventive n'étant pas, chez nous, d'une application facile, générale, à cause du grand nombre d'animaux et de la petite quantité d'eau courante dont on jouit, on pourrait en faire usage seulement pour les animaux de prix ; mais quoiqu'il arrive, il faut toujours avoir bien soin de maintenir isolés les malades, de les faire boire et manger complétement à part.

Quant au traitement curatif, il a été longtemps considéré comme peu pratique, à cause de la difficulté de soumettre les vers qui engorgent les bronches à une action toxique qui ne fut pas nuisible à l'animal que ces vers infestent. Dans ces derniers temps, on a préconisé un procédé qui paraît assez efficace et qui consiste dans l'injection directe dans les bronches, d'une préparation médicamenteuse anthelminthique, à l'aide d'une seringue appropriée ; mais cette méthode n'en est encore presque qu'à ses débuts, et le dosage du médicament et l'exécution de l'injection intra-trachéale sont choses assez délicates.

Il vaut mieux, à notre avis, se borner dans la grande pratique, à des fumigations faites matin et soir, au moyen de goudron ; les animaux les plus atteints sont soumis directement à ces fumigations qui se pratiquent en plaçant la tête de l'animal dans une sorte de sac ouvert à ses deux extrémités ; le goudron est réduit à l'état de vapeurs lourdes en le projetant sur une pelle chauffée au rouge.

On peut encore procéder à des fumigations d'ensemble en faisant pénétrer 8, 10, 12 animaux dans un local restreint, dont les ouvertures auraient été soigneusement bouchées et dans lequel on aura brûlé du goudron ; les animaux seront maintenus soir et matin, pendant huit à dix minutes au maximum dans cette atmosphère particulière. Il va sans dire que la production des vapeurs chargées de goudron sera faite dans la chambre à fumigation matin et soir.

DÉSINFECTION DES ÉCURIES ÉTABLES

Par ce temps de maladies contagieuses signalées sur nos animaux domestiques, causer mesures hygiéniques, applicables en pareil cas, n'est-ce pas faire de l'actualité sous une de ses formes les plus utiles ?

Entretenons-nous donc de ces mesures ; leur application nous évitera dans la plupart des circonstances, des pertes d'argent souvent élevées, et quelquefois aussi des accidents de personnes, toujours irréparables.

Et d'abord, laissez-moi vous dire que la première des préoccupations de l'éleveur, en ce moment d'épizootie, doit être de prévenir l'apparition, dans son exploitation, de toute maladie contagieuse.

Il y parviendra dans la limite du possible, en s'abstenant d'introduire dans ses étables, dans ses écuries, des animaux étrangers, en ne faisant ses achats que sur des marchés bien reconnus indemnes ; encore dans ce dernier cas, agira-t-il prudemment, en faisant subir aux animaux achetés, une véritable quarantaine, avant de les mêler aux autres. D'autre part, toutes les habitations réservées aux animaux devront être tenues très proprement et largement aérées ; il vaut mieux, même par la grande chaleur, laisser les animaux dehors, en plein air, que dans une écurie ou une étable sombre, basse de plafond, mal aérée, dans laquelle la litière déjà vieille, transformée en fumier, dégage une odeur et une chaleur insupportables.

Mais lorsque par le fait de mauvaises conditions d'hygiène ou par suite de contagion, une maladie infectieuse se déclare dans une écurie, une étable, un chenil, la désinfection s'impose, et elle doit être pratiquée rapidement et énergiquement.

On ne peut se figurer, en effet, avec quelle promptitude, lorsque la maladie s'est affirmée, tous les locaux sont ensemencés de germes contagieux ; on les retrouve partout, sur le sol de la litière, sur les boiseries et les murs, sur les divers objets qui sont ou ont été en contact avec les animaux malades ; la désinfection, seule, peut détruire ces germes et arrêter, par suite, la propagation des maladies qui les constituent.

Vous savez, que dequis quelques années, des études sérieuses et comparées ont été faites sur les divers désinfectants ; ces études se continuent ; elles ont bien leur utilité, quoique en disent les railleurs des théories microbiennes qui semblent oublier que les désinfectants constituent notre meilleure cuirasse dans cette lutte contre ces milliers d'infiniment petits, nos plus dangereux, nos plus redoutables ennemis.

Mais l'opération de la désinfection ne comporte pas seulement l'emploi des désinfectants ; elle se compose encore de pratiques diverses qu'il est nécessaire de bien connaître et de bien appliquer et qui varient, parfois, avec la nature de la maladie contagieuse.

La désinfection doit s'appliquer à tout ce qui a pu être souillé par des animaux malades et qui, dès lors, peut receler les germes de la contagion, tels que habitations, cours, enclos, hangars, pâturages, fourrages et fumiers, objets divers à l'usage des animaux, harnais, voitures et enfin les débris cadavériques.

Pratiquement, la désinfection doit être effectuée de la façon suivante :

1° *Destruction par le feu*, de tous les objets sans valeur, retirés immédiatement des locaux : éponges, époussettes, vieilles couvertures, linges, billots, licols, mangeoires et rateliers en mauvais état, litières, fumiers, etc., et *flambage* des objets en fer, pelles, fourches, chaînes d'attache, mors, etc.;

2° *Lavage général* des locaux, à grande eau, avec le balai et la brosse de chiendent. En cas de morve, *grattage* de tous les objets en bois, des murs et des interstices des pavés ; réfection du sol, si le local n'est pas pavé ;

3° *Lavage à l'eau bouillante*, additionnée de 2 % d'acide phénique ou mieux encore de crezyl, du sol, des murs, des rateliers, des mangeoires, des bat-flancs, des seaux, etc.

Immersion, dans les mêmes liquides, des couvertures, linges, vêtements, etc.

Lavage et séjour de quelques heures dans l'eau froide additionnée d'acide phénique ou de cresyl, des objets en cuir que l'eau bouillante détruirait.

Le sublimé corrosif, à raison de 1 gramme par litre, doit être employé de préférence dans les cas de morve, pour le lavage des mangeoires, rateliers et murs de face.

Enfin, l'*eau de chaux* donne d'excellents résultats dans la désinfection du sol des locaux.

Les murs doivent être recrépis et blanchis ; les

boiseries sont naturellement repeintes, s'il s'agit d'une écurie de luxe.

Les hommes chargés de soigner les animaux suspects de maladies contagieuses, telles que la morve, le charbon, la rage, ceux qui ont la triste corvée d'enfouir les animaux morts de ces maladies, doivent prendre les plus ·sérieuses précautions. Toutes ces maladies sont transmissibles à l'homme et on ne compte plus les accidents toujours mortels, dus à l'imprudence ou à l'ignorance qu'elles ont déterminées.

Les personnes qui soignent les animaux atteints de ces maladies doivent, de toute nécessité, avoir des vêtements spéciaux qu'ils revêtent au moment du pansage, du traitement ; ils doivent se savonner rigoureusement les mains et les bras après chaque contact, se garnir au besoin ces organes d'huile ou d'un corps gras quelconque, qui empêche toute absorption ; ils s'abstiendront, en outre, d'aller dans les écuries ou les étables des animaux sains et passeront à la lessive leurs vêtements, dès qu'ils quitteront ce service spécial.

Il ne faut pas perdre de vue qu'en outre des maladies graves que nous avons indiquées plus haut, il en est d'autres, de nature plus bénigne, mais également contagieuses et auxquelles tout ce que nous venons de dire est en grande partie applicable ; ces maladies sont la gourme, l'influenza, la fièvre typhoïde, certaines pneumonies infectieuses.

Il ne faut pas oublier non plus que certaines maladies de peau des animaux domestiques et particulièrement des chiens, sont parfois transmissibles à l'homme ; des faits journaliers le démontrent irrécusablement et il faut en tenir compte.

En terminant, je ne puis m'empêcher d'attirer l'attention des intéressés sur la malpropreté des mangeoires et des murs faisant face à la tête du cheval ou des bœufs.

Qui n'a vu ces murs de face, couverts d'un enduit noirâtre, visqueux, épais, formé de parcelles d'aliments, de jetage, de mucosités, de salive desséchée, existant parfois depuis des années, sans que personne soit choqué de cette saleté et n'ait l'idée d'en faire opérer le grattage.

Il y a plus ; on fait parfois blanchir l'écurie sans grattage préalable du mur ; alors, le lait de chaux recouvre cet enduit, les animaux lèchent et peuvent prendre les germes de maladies déposées là par leurs prédécesseurs ; on est tout étonné de les voir ensuite tomber malades ; on ne se rend pas compte qu'on n'a fait qu'une besogne incomplète, qu'une désinfection insuffisante dont le seul résultat est un gaspillage d'argent et de temps.

C'est d'ailleurs toujours de cette façon que procédent les négligents, les indifférents, et aussi ceux qui n'aiment la propreté ni pour eux-mêmes, ni pour leurs animaux.

ÉQUIVALENTS NUTRITIFS

C'est là une expression dont le premier terme nous vient de la chimie et dont l'ensemble est employé aujourd'hui communément dans la pratique agricole lorsqu'il est question d'alimentation.

Qu'entend-on par équivalents nutritifs? C'est le nombre représentant en kilogrammètres ou unités de travail la valeur de l'unité alimentaire. Ce nombre permet de calculer, avec une approximation suffisante pour la pratique, l'alimentation nécessaire pour couvrir la dépense en énergie correspondant à un travail connu.

Ce sont les agronomes allemands qui paraissent avoir été les premiers à rechercher les relations d'équivalence nutritive pouvant exister entre les divers aliments des animaux herbivores. Prenant pour type le foin de pré, reconnu comme leur aliment naturel, ils entreprirent de déterminer par l'expérience les quantités proportionnelles des autres substances alimentaires capables de nourrir ces animaux autant que 100 kilos de foin, afin de les estimer ainsi toutes en valeur de foin de pré. Les nombres résultant de ces recherches comparatives furent alors donnés comme les équivalents nutritifs des aliments usuels autres que le foin. Ces nombres étaient, on le comprend bien, plus grands ou moins grands que 100, selon que la valeur nutritive de l'aliment s'était montrée moins grande ou plus grande que celle du terme de comparaison.

Ainsi furent dressées les tables des équivalents nutritifs, dont une des plus consultées fut celle de Boussingault.

D'après ces tables, on peut, dans l'alimentation du bétail, remplacer 100 kilogrammes de foin de pré par 50 kilos de tourteaux de lin ou de colza ; par 40 kilos de tourteaux de sésame ; par 32 kilos de tourteaux d'arachides ; par 50 kilos de graines de sarrazin, d'orge ou d'avoine ; par 33 kilos de seigle cuit ; par 60 kilos de son de seigle ; par 38 kilos de maïs en grain ; par 40 kilos de féveroles ; par 44 kilos de graines de vesces ; par 96 kilos de foin de vesces ; par 89 kilos de foin de sainfoin ; par 91 kilos de foin de luzerne ; par 210 kilos de topinambours ; par 200 kilos de pommes de terre ; par 230 kilos de rutabagas ; par 270 kilos de carottes ; par 450 de betteraves ; par 143 kilos de pulpes de sucrerie ; par 120 kilos de drèches de brasserie, etc.

Il n'est pas difficile de former des mélanges avec les substances que nous venons d'indiquer ; supposons, par exemple, que nous voulions faire l'équivalent de 100 kilogrammes de foin avec de l'orge moulu, des féveroles concassées, du son de seigle et des tourteaux de colza ; total, quatre sortes d'aliments ; nous prendrons le quart de l'équivalent de chaque sorte, c'est-à-dire 12 kilos 500 d'orge, 11 kilos 500 de féveroles, 15 kilos de son et 12 kilos 500 de tourteaux de colza.

Si nous ne mettions que trois sortes, nous prendrions le tiers de l'équivalent de chacune des sortes ; si nous en mettions cinq, nous prendrions nécessairement le cinquième.

On jette ensuite les divers aliments dans un baquet ; on verse dessus un peu d'eau chaude pour délayer et mélanger et, enfin, un peu de sel de cuisine pour assaisonner.

La théorie de l'équivalence nutritive n'a rien d'absolu, il ne faut pas se le dissimuler ; il est arrivé souvent que, l'expérience, la pratique ont mis en défaut ces prétendues équivalences.

La digestibilité des aliments, si variable, si différente, s'oppose à ce qu'il puisse exister entre eux et un type quelconque, comme le foin, par exemple, une relation simple et indiscutable d'équivalence ; pour qu'elle existât, il faudrait que le degré, le coefficient de digestibilité de ces divers aliments fût absolument identique, le même ; or, il est bien prouvé aujourd'hui qu'il n'y a pas deux substances alimentaires entre lesquelles cette identité se montre.

Les substitutions dans la composition des rations ne sont donc praticables qu'entre aliments de même ordre, parce que ces aliments ont d'ordinaire sensiblement le même coefficient de digestibilité, et elles ne sont possibles que dans la mesure où la relation nutritive n'est point changée, non plus que le volume de la ration.

C'est ainsi qu'on peut remplacer, dans une ration, les betteraves par les carottes ou navets, ou inversement, à la condition qu'il ne soit rien changé à la richesse proportionnelle de cette ration en protéine ; mais il faut bien se pénétrer qu'on remplacera difficilement du foin par des betteraves, des carottes ou de l'avoine, du son ou du tourteau quelconque de graine oléagineuse, sous prétexte d'équivalence nutritive entre les quantités de ces divers aliments ; cette idée est en opposition complète avec l'état actuel de la science ; les agriculteurs feront bien de ne pas l'oublier, en présence surtout des offres qui peuvent leur être faites par certains vendeurs de rations alimentaires.

LES MEILLEURES POMMES DE TERRE

I.

La culture de la pomme de terre prend en France une importance de plus en plus grande ; il semble qu'on veuille y regagner le temps perdu ; nous n'atteignons pas encore le chiffre de 250 millions de quintaux produit par l'Allemagne, mais notre production qui, en 1882, s'élevait à 100 millions de quintaux seulement, a dépassé 160 millions, en 1890.

C'est un réel progrès, comme vous le voyez, dû non seulement à la superficie plus considérable plantée, mais surtout à de meilleures façons culturales, à un choix de variétés plus productives.

Mais c'est surtout du côté de la culture de la pomme de terre industrielle pour la distillerie que semblent tendre tous les efforts des cultivateurs ; cette culture va prendre certainement une extension beaucoup plus grande encore, car elle ne sera plus entravée désormais par la concurrence des alcools de riz et de maïs importés de l'étranger et dont la pénétration chez nous deviendra difficile, sinon impossible, grâce aux droits protecteurs récemment votés.

Je ne sais pas si nous avons actuellement en Algérie, un intérêt direct, immédiat, à nous lancer dans cette voie de la culture de la pomme de terre industrielle ; mais, ce qui me paraît incontestable, c'est que nous devrions nous efforcer, par un meilleur choix de variétés, d'améliorer les rendements et la quantité des pommes de terre que nous cultivons comme potagères, comme primeurs.

Et c'est précisément du choix de ces variétés que je veux vous entretenir aujourd'hui.

Les pommes de terres, vous le savez, au point de vue de leur emploi, sont divisées en trois grandes catégories : pommes de terre potagères, fourragères el industrielles. Nous ne nous occuperons que des premières dans cette causerie ; plus tard je vous ferai connaître ce que l'on pense de celles renfermées dans les deux dernières catégories.

Et d'abord permettez moi de vous rappeler que les caractères d'une bonne pomme de terre potagère, ceux auxquels les semeurs devront s'arrêter avant tout, sont : 1° une qualité culinaire au moins moyenne ; 2° la résistance à la maladie ; 3° une production abondante ; 4° une précocité remarquable ou une bonne conservation — ces deux qualités s'excluant d'ordinaires ; 5° une forme aussi régulière que possible, sans trop d'yeux ni entailles.

En dehors de ces caractères, qui sont la base pour ainsi dire de la culture de la pomme de terre potagère, il est d'autres considérations qui doivent également guider le cultivateur dans le choix des variétés à planter.

Généralement en France, en Algérie, le consommateur préfère les pommes de terre à chair jaune, à celle dont la pulpe est blanche, rouge ou violette ; il faudra donc choisir les premières en tenant compte de leur hâtivité et de leur forme, car ce dernier point

de vue est encore à considérer, certains consommateurs tenant plutôt pour les pommes de terre rondes
que pour les longues.

Parmi les rondes, à chair jaune, les variétés les
plus estimées sont :

1° La bonne Wilhelmine, très cultivée comme primeur, à tubercules plus nombreux que volumineux,
à chair ferme, assez fine, s'écrasant assez difficilement ;

2° La Jaune ronde hâtive, très précoce, à tubercules gros et réguliers, se conservant bien ; c'est une
des meilleures pommes de terre connues ;

3° La Modèle, de forme parfaite, trèsproductive, très
résistante à la maladie, mais à chair pâle, de qualité
ordinaire ;

4° La pomme de terre Lesquin ou Séguin, très rustique, très productive, de bonne garde, à tubercules
assez gros, ronds et à chair très farineuse.

Nous arrivons maintenant aux pommes de terre
jaunes et longues. Elles sont nombreuses ; je ne vous
indiquerai que les variétés les plus recommandables,
de l'avis de tous les semeurs.

1° En tête se place la Marjolin hâtive, surtout la
Marjolin Tétard, tout à fait remarquable par la finesse
et la qualité de sa chair, par ses tubercules gros, un
peu aplatis et par son rendement très considérable ;

2° La Victor, peut être un peu plus précoce, mais
à tubercules moins gros, donnant une chair moins
fine en même temps qu'un rendement moins élevé ;

3° La pomme de terre Caillou blanc, à tubercules
sous forme d'amande, très lisses, sans excavations,
très recherchée dans le Midi pour la production des
primeurs ;

4° La Quarantaine de Noisy ou Marjolin tardive, la variété la plus cultivée aux environs de Paris, et se conservant très bien en hiver ;

5° La Magnum bonum, beaucoup plus productive que la précédente et d'un rendement supérieur ; ses tubercules sont un peu noueux et leur chair très pâle, presque blanche ; elle est très résistante à la maladie et s'accommode parfaitement à la culture en plein champ.

Et maintenant voyons quelles sont les meilleures variétés potagères de couleur :

1° Ce sont d'abord la Kidney rouge, très précoce, à peau lisse d'un beau rouge uni et à chair jaune, fine et ferme, bien farineuse ;

2° La rouge de Hollande, moins précoce, mais plus productive que la précédente ;

3° La Rose hâtive (early rose), variété américaine, très précoce, très productive, mais dont la chair souvent fade, compacte et aqueuse est de qualité discutée ;

4° La Saucisse, variété de très bonne garde à chair jaune, ferme et farineuse, cultivée le plus souvent en plein champ ;

5° La Vitelotte, variété à chair jaune et très ferme s'écrasant très difficilement et très estimée malgré ses yeux aussi nombreux que profondément situés.

Je ne vous parlerai qu'en passant des pommes de terre violettes ou panachées de violet dont la Blanchard, la Violette ronde, la Quarantaine violette et la Négresse constituent les meilleures variétés, peu usitées, d'ailleurs.

Je pourrais vous citer bien d'autres pommes de terre, mais ce serait sans grand intérêt, car j'en vois peu, en dehors des précédentes, qui soient absolument bonnes, c'est-à-dire qui ne déparent pas leurs mérites par quelque défaut sérieux.

II.

Je vous ai entretenu des meilleures variétés potagères de pommes de terre; il me reste à vous parler d'abord de celles qui sont recommandées comme fourragères, et, en dernier lieu, des variétés industrielles les plus productives au point de vue de leur richesse en fécule.

Les meilleures pommes de terre fourragères ou de grande culture sont celles qui, utilisées surtout pour la nourriture des animaux, donnent le plus de produit, dans les meilleures conditions de sûreté, de facilité de récolte et d'économie dans le prix de revient.

Mais, avant de passer à l'énumération, à la description de ces variétés, je ne dois pas vous laisser ignorer que beaucoup, parmi elles, ont une réelle valeur au point de vue de la consomation pour l'homme et peuvent être considérées comme un véritable légume de table.

Parmi les meilleures variétés, on cite : 1° d'abord la *Chave,* ou *Saint-Jean,* ou *Segonzac,* dont les tubercules, d'une belle couleur jaune intérieurement et extérieurement, mûrissent généralement en août, se conservent bien et sont de bonne qualité ;

2° La *Chardon,* à tubercules très gros, d'un jaune pâle, presque blanc, tardive, très résistante à la maladie, de qualité médiocre comme légume de table, mais très bonne fourragère ;

3° La *Jeancé* ou *Vosgienne,* très estimée dans le centre ou le nord de la France. Ses tubercules sont un peu moins gros que ceux de la *Chardon,* mais plus réguliers ; la *Jeancé* est très productive et très rustique ;

4° L'*Institut de Beauvais,* à tubercules très gros, un peu aplatis ; relativement précoce , de qualité moyenne ; elle peut produire, dans de bonnes conditions culturales, jusqu'à 30,000 kilogrammes à l'hectare ;

5° La *Merveille d'Amérique,* grosse pomme de terre, très rouge, à chair blanche, très vigoureuse, très productive ; utilisée surtout comme fourragère, mais quelquefois aussi pour l'industrie féculière ;

VARIÉTÉS INDUSTRIELLES. — Ce sont celles qui, à de grandes qualités de production, de fertilité, unissent une grande richesse de fécule qui en fait pour la fabrication une matière première avantageuse.

Les variétés préférées sont : 1° la *Farineuse rouge,* à tubercules d'un rouge vif, gros, régulièrement arrondis, à chair farineuse, très blanche, mais un peu grossière. La *Farineuse rouge* est mi-tardive et assez rustique ;

2° La *Richter's imperator* se présente avec des tubercules gros, jaûnatres, à chair presque blanche, vraiment très bonne et très farineuse, riche à environ 20 pour 100 en fécule. Très vigoureuse, l'*Impérator,* cultivée suivant les indications de M. Aimé Girard, indications sur lesquelles nous aurons occasions de revenir, a donné tout récemment, à l'École de Saint-Rémy, malgré des conditions météorologiques défavorables, 35,400 kilogrammes de tubercules à l'hectare, d'une richesse de 17-72 pour 100 de fécule anhydre.

On parle actuellement de nouvelles variétés, telles

que la *Blauen rusen* ou *Géante bleue*, l'*Eléphant blanc*, qui seraient encore supérieures à l'*Imperator* ; je crois qu'elles n'ont pas encore suffisamment fait leurs preuves pour que je puisse, dès aujourd'hui, vous en conseiller sans hésitation la culture.

J'aime mieux vous indiquer, comme pouvant être essayées, l'*Aspasie*, l'*Eiffel* et la *Charollaise*, variétés toutes récentes, découvertes en France, et dont on dit le plus grand bien, soit pour la petite, soit pour la grande culture.

CULTURE DE LA POMME DE TERRE

I.

Nous nous sommes entretenus, dans une précédente causerie, du choix des meilleures pommes de terre à planter; mais dans ce choix ne réside pas uniquement la condition *sine qua non* du succès à obtenir. Encore faut-il que le milieu dans lequel sera placée cette pomme de terre choisie, les soins d'entretien qui lui seront donnés, soient de nature à lui permettre un développement favorable venant répondre aux espérances basées sur son origine, sur ses qualités reconnues.

Nous le savons maintenant, à n'en plus douter : la terre n'est pas le simple support des plantes, mais bien le réservoir dans lequel elles puisent tous les éléments, toutes les substances nécessaires à leur vie. Et cette vie des plantes, dans les conditions normales, est toujours en rapport avec la qualité, la nature du réservoir. Si celui-ci est riche, fertile, sain, les végétaux qui y sont placés se présentent vigoureux, se reproduisent abondamment, témoignant par le nombre et la beauté de leurs produits qu'ils ont été largement nourris.

Voyons donc, d'abord, quelle est la nature du réservoir, c'est-à-dire du terrain qui convient à la pomme de terre.

Quelques-uns vous diront qu'elle se plaît également dans tous les sols; n'en croyez rien; ils commettent une grosse erreur. La vérité est qu'elle réussit seulement bien dans les terres légères, bien ameublies, préparées par au moins deux labours, qu'elles soient schisteuses, sablonneuses ou calcaires; et aussi pourvu que le sous-sol soit perméable. Les argiles fortes, compactes, imperméables, ne lui conviennent nullement; son rendement y est insignifiant et on a remarqué depuis longtemps que les tubercules récoltés en terre légère, franche, étaient autrement savoureux que ceux recueillis en terre compacte et humide. Vous ferez la même remarque et constaterez également que dans cette dernière terre, les fanes se développent d'une façon exagérée, alors que les tubercules restent petits et ont de la peine à mûrir.

Voilà un premier point établi. Le deuxième, non moins important et qui doit également nous préoccuper, est celui qui a trait à la richesse du sol en principes nutritifs. Et d'abord, quelles sont les substances chimiques qui prédominent dans la masse du tubercule ? L'analyse nous a appris qu'elles contiennent surtout de l'azote et de la potasse ; l'acide phosphorique ne vient qu'au troisième rang et la chaux au quatrième ; 100 kilos de pommes de terre renferment, en effet, 320 grammes d'azote, 560 grammes de potasse, 180 grammes d'acide phosphorique et seulement 32 grammes de chaux.

Le sol auquel nous confierons nos semences devra donc contenir surtout de la potasse et de l'azote ; nous pourrons être, relativement, bien entendu, moins exigeants pour l'acide phosphorique.

Il est bon que je vous fasse connaître que l'expérience a démontré que presque toujours et à moins qu'on ait affaire à des sols complétement épuisés, la pomme de terre sait parfaitement tirer du sol des quantités de potasse assez grandes pour sa nutrition ; mais il n'est pas moins acquis, d'autre part, que l'apport d'engrais potassiques augmente toujours son rendement dans de notables proportions. C'est pour arriver à ce résultat, qu'on recommande le mélange des substances fertilisantes suivantes employé dans les cultures à hauts rendements dont on a tant parlé dernièrement : 300 kilos superphosphate de chaux (à 12 ou 15 pour cent d'acide phosphorique), 100 kilos de nitrate de soude (15 pour 100 d'azote) et 150 kilos de chlorure de potassium (49 pour cent de potasse). On répand ce mélange sur le sol, sept ou huit jours avant les semailles, et on enterre par un léger coup de herse.

Cet engrais ne dispense pas de l'emploi du fumier, qui aura dû être appliqué plutôt à l'état pailleux qu'à l'état court et à la dose de 200 quintaux, au moins un mois et demi avant la plantation.

II.

Pour beaucoup de cultivateurs, le système radiculaire de la pomme de terre n'est pas d'une importance telle qu'un labour profond soit indispensable au terrain destiné à la plantation.

Ceux-là ne savent pas que la pomme de terre dans un sol bien ameubli peut allonger ses racines jusqu'à 1^m50 et que chez nous, en Algérie, ce développement de racines, partout où il sera possible, constituera la meilleure condition culturale permettant au tubercule d'échapper, dans une notable proportion, aux arrêts de végétation provoqués par la sécheresse.

Or, jamais, dans un terrain compact, non ameubli, les racines ne se formeront assez longues, assez vigoureuses pour atteindre, non cette longueur de 1ᵐ50, mais seulement celle de 0ᵐ75. Cet ameublissement du sol, cette profondeur de la couche arable sont aujourd'hui tellement reconnus indispensables, que l'on a renoncé, en France, à la culture intensive de la pomme de terre partout où les terrains sont peu profonds ; dans les régions, au contraire, où la couche arable est suffisamment épaisse, on ne manque pas de l'ameublir à 0ᵐ35 et même à 0ᵐ40. Vous obtiendrez facilement ce résultat en labourant au moyen d'une charrue Fondeur qui retourne la terre sur 0ᵐ20 et 0ᵐ25 et en faisant suivre celle-ci d'une fouilleuse qui, en dessous du sillon, ameublit la couche sous-jacente à 0ᵐ15 environ.

Les différences de rendement obtenues dans les expériences de M. A. Girard indiquent de la manière la plus concluante combien les labours profonds sont profitables dans la culture intensive de la pomme de terre ; elles ont démontré, en effet, que sur un labour profond de 0ᵐ10, le rendement s'élève seulement à 190 quintaux, alors qu'à 0ᵐ18, il atteint 287 quintaux et qu'à 0ᵐ30, il dépasse presque toujours 350 quintaux.

Vous pourriez croire que la régularité de la plantation n'est pas indispensable à son succès, à une bonne production. Planter au pas est, en effet, le mode d'opération le plus commode, le plus simple et presque toujours et partout suivi par les cultivateurs peu soucieux d'en adopter un autre qui soit bien plus rationnel et plus sûr. On ne réfléchit pas que dans une plantation d'une certaine importance qui demande plusieurs ouvriers, le pas varie d'un ouvrier à l'autre et souvent pour un même ouvrier d'instant en instant. Et alors, comme conséquence, on a des poquets placés à des distances inégales, les uns très rapprochés, les autres éloignés, et, par suite, une végétation inégale et une production inférieure dans son ensemble.

Ces poquets, en bonne culture, doivent toujours être distants de 0^m50 les uns des autres, sur des lignes espacées de 0^m60 ; on obtient ainsi 330 poquets à l'are, soit à l'hectare 33,000.

Il n'est pas indispensable, comme vous pourriez le croire, d'avoir recours, pour la bonne répartition de ces poquets, profonds d'environ 0^m15, à des machines à planter qui, d'ailleurs, n'ont pas donné pour la plupart de résultats satisfaisants ; c'est une dépense que vous pouvez, que vous dever éviter ; vous parviendrez facilement à cette bonne division du terrain à planter par un simple rayonnage qui, après avoir tracé les lignes d'écartement, reprend la pièce perpendiculairement à ces lignes, les croise à angle droit et détermine à chaque croisement la place où un tubercule doit être placé.

Nous avons tous la funeste habitude (que nous avons peut-être contractée au contact de l'indigène) de ne jamais nous hâter lorsqu'il s'agit de semer nos céréales ; nous faisons de même pour la plantation de nos pommes de terre ; nous attendons le dernier moment, et cependant, pour ces tubercules, de même que pour les céréales, les plantations tardives ne donnent jamais que des rendements inférieurs à ceux obtenus en plantant hâtivement ; une différence de dix jours, par exemple, entre l'époque de deux plantations nous paraît insignifiante et elle se traduit cependant par un écart très sensible en faveur de la plantation la plus hâtive ; dans les démonstrations culturales de M. A. Girard, on a constaté, en effet, qu'un are planté le 26 mars avait donné 468 kilos, alors que la même surface plantée le 10 mai n'avait produit que 370 kilos, soit une différence de 100 kilos en faveur de la première ; pour un hectare, elle se serait élevée à 10 quintaux ; cet excédant de récolte qui vaut, au bas mot, 60 francs, n'est pas à dédaigner.

Vous vous doutez bien que le choix des tubercules à une grande importance et vous n'êtes pas de ceux qui gardent avec soin pour semences les pommes de terre avortées, les plus petites, en affirmant que cette infériorité n'a pas d'influence sur le rendement soit sur la qualité, soit sur la quantité. Il faut, en effet, ne prendre pour la plantation que des tubercules moyens, bien fournis, bien sains ; les petits, mal conformés, maigres, de couleur louche, doivent être absolument écartés. Si vous ne disposez que de tubercules gros, vous pouvez les couper, mais seulement dans le sens de la longueur, en deux morceaux et non transversalement ; ce mode de section est indispensable, car on a remarqué depuis longtemps que le haut bout supporte presque tous les bourgeons inféconds et que le bout inférieur ne fournit jamais que des tiges sans grande force végétative.

En terminant cette causerie, un peu longue déjà, je vous donnerai le conseil de ne pas vous presser dans l'arrachement de vos pommes de terre ; ce moment doit être retardé jusqu'à la dernière limite si vour voulez obtenir un rendement maximum. D'une manière générale, d'ailleurs, vous reconnaîtrez aux caractères suivants le moment où les tubercules cessent de s'accroître et doivent être, par conséquent, arrachés.

Si vous remarquez que, même tout le feuillage latéral de la plante étant fané, il reste encore au sommet des tiges un bouquet terminal de quelques feuilles vertes, soyez certains que la plante travaille encore et que chaque jour, par ce petit bouquet terminal, elle fabrique une certaine quantité de matière organique spécialement destinée aux tubercules. Arrachez donc seulement lorsque le feuillage en entier sera desséché, fané.

ÉLEVAGE

DES

MEILLEURES RACES DE VOLAILLES

Il n'y a pas de question qui rende le novice, *dans l'élevage des volailles*, plus perplexe que celle-ci : Quelle race vais-je choisir? Et c'est probablement pour ce motif, que la demande nous est souvent faite. Il est d'autant plus difficile d'y répondre, que les éleveurs les plus expérimentés, en qui l'on a la plus grande confiance, sont loin d'être d'accord : quelques-uns recommandent une race, d'autres la trouvent de qualité inférieure, réclamant naturellement la supériorité pour sa race favorite sur toutes les autres. Probablement que quiconque se propose de garder des volailles pour en retirer du profit a un penchant pour une ou plusieurs races en particulier et, en règle générale, il réussira mieux avec ses races, parce qu'il prendra un plus grand intérêt à les soigner qu'à soigner d'autres races qui n'ont pas sa faveur et qu'il achète parce que d'autres s'en sont bien trouvé.

Le succès, *dans l'élevage des volailles*, dépend tout autant des bons soins que de la race. Comme de raison, chaque personne ayant le désir de s'y livrer doit prendre en considération le but qu'elle se propose, que ce soit celui d'en obtenir de la viande, ou celui d'en avoir des œufs, ou les deux réunis.

On peut commencer, toutefois, avec la conviction qu'aucune race n'est parfaite ; nulle race, en effet, ne peut posséder, à leur plus haut degré, les deux qualités d'être bonne pour la production de la viande et des œufs.

Il y a, parmi certains cultivateurs, un véritable préjugé contre les races pures de tout genre; cependant, si le bétail, pour la grande majorité, vaut mieux qu'il ne valait il y a un demi-siècle, et ce fait est indiscutable, cette amélioration est due à la patience, aux soins et aux dépenses de ceux qui ont fait une étude pratique de l'élevage du bétail de race pure, bétail qu'ils ont conduit à un très haut degré de perfection.

Et si un troupeau de moutons kabyles ou à large queue n'est pas aussi profitable qu'un troupeau de mérinos ou de croisés-mérinos, pourquoi resterait-on entiché du vieux préjugé qu'un lot de mauvaises poules arabes élevées sur un tas de fumier sont aussi bonnes que les pures Houdan, La Flèche ou Crève-cœur?

Le même raisonnement ne peut-il s'appliquer aux deux cas?

Débarrassez-vous donc de votre volaille indigène. Si vous voulez vous livrer sérieusement à cet élevage, n'hésitez pas à peupler votre basse-cour de Houdan, de La Flèche ou de Crèvecœur; je vous recommande surtout la première variété pour sa rusticité, ses qualités de pondeuse et sa viande.

CULTURE DU TOPINAMBOUR

Un décret du 6 juin 1889 a autorisé l'introduction en Algérie des topinambours, aux mêmes conditions que celles imposées pour les pommes de terre.

Vous ne vous seriez jamais douté, n'est-ce pas, que cette plante tuberculeuse avait été soupçonnée, plus que la pomme de terre, de pouvoir introduire le phylloxera dans notre pays. J'avoue que la mesure m'avait toujours paru bien rigoureuse.

Si je suis bien renseigné, c'est à notre ex-député M. Treille que nous sommes redevables de voir cesser la singulière interdiction d'entrée dans notre pays des tubercules du topinambour ; on ne m'accusera pas de faire de la politique, si je le remercie de nous avoir donné, grâce à ses démarches, le moyen de nous livrer facilement à une nouvelle culture sur laquelle je vais vous donner quelques renseignements.

Le topinambour ne craint ni le froid, ni la chaleur et s'arrange à peu près de tous les terrains, pourvu qu'ils ne soient pas marécageux. On pourrait planter chez nous, fin février, pour récolter l'année suivante dans le courant de janvier.

La profondeur doit être la même que celle observée pour la pomme de terre ; l'espacement entre les plants ne doit pas dépasser cinquante centimètres.

Tous les animaux de la ferme, chevaux, vaches,

moutons et porcs s'accommodent des tubercules de la plante, de ses feuilles et de ses jeunes tiges.

Toutefois, à l'état cru, il ne faut pas en exagérer les rations parce qu'ils météoriseraient les vaches et les bœufs ; parce que chez les chevaux, assure-t-on, ils occasionneraient la fourbure.

En les faisant cuire, ces inconvénients disparaissent, et, dans cet état ils sont surtout précieux pour engraisser les porcs.

L'inconvénient principal des tubercules du topinambour, c'est la difficulté de les débarrasser par le lavage de la terre qui s'y loge et qui détériore parfois les lames des coupe-racines quand les lavages sont insuffisants.

Le tubercule de topinambour depuis la fin mars jusque vers le 15 juin, acquiert le quart de son développement. Depuis fin juin jusqu'aux premiers jours de septembre, il acquiert le second quart; de septembre à fin octobre, il acquiert les deux autres quarts. C'est donc pendant ces deux derniers mois que le tubercule se développe le plus activement.

C'est pour ce motif, que si l'on coupe fin juin les jeunes tiges de topinambour, le rendement en tubercules ne se trouve pas sensiblement diminué. On peut donc sans inconvénient bénéficier d'une récolte de jeunes tiges et de jeunes feuilles.

MM. Müntz et Ch. Girard ont constaté que les tubercules du topinambour récoltés à la fin de l'hiver sont plus abondants que si on les récoltait au commencement de l'hiver ; ils attribuent cela à une migration vers le tubercule des éléments accumulés par les tiges. On a donc raison de ne point se hâter pour l'arrachage.

Les topinambours ne doivent pas être donnés seuls au bétail. Le plus ordinairement, après avoir lavé soigneusement les tubercules, on les coupe par tranches de deux à trois centimètres d'épaisseur et on les mélange à du son, du foin, de la paille.

Les tubercules de topinambours ont été soumis à la distillation. Ils donnent beaucoup d'alcool, mais cet alcool a un goût particulier qu'il est difficile de lui enlever à moins d'avoir recours à d'excellents appareils de rectification.

Ce qui contrarie encore le distillateur, c'est la difficulté du râpage du tubercule, à cause de la terre qui se loge dans ses petites cavités. Le jus de topinambour est beaucoup plus riche en matières sucrées que celui de la betterave ; c'est pourquoi MM. Müntz et Girard ont pensé que, par la fermentation du jus on obtiendrait une sorte de vin plus alcoolique que le cidre, et qu'on pourrait l'introduire sans inconvénient dans l'alimentation de l'homme. Le prix de revient serait très minime et la récolte toujours assurée. Il n'y a qu'une objection à faire, et elle est sérieuse, c'est le goût de topinambour que conserverait la boisson.

La pulpe de ce tubercule est consommée avidement par les animaux et possède une valeur alimentaire supérieure à celle des tubercules. On peut très bien ensiler cette pulpe et la conserver ainsi plus de six mois.

Il n'est pas rare de récolter en France plus de 500 quintaux de tubercules à l'hectare. La potasse est l'élément que cette récolte enlève principalement au sol ; c'est pour ce motif que les terrains granitiques sont si favorables au topinambour ; dans les sols pauvres en potasse comme le sont les sols calcaires, il faut recourir aux engrais potassiques. Cette plante enfin, quoique facile sur les terrains, leur enlève à peu près autant d'azote et autant d'acide phosphorique qu'une récolte de blé. Il suit de là qu'on aurait tort de lui marchander les fumures qui augmentent toujours les rendements.

INDUSTRIE LAITIÈRE

L'industrie laitière dans notre province, aux environs surtout des centres populeux, prend une importance de plus en plus grande. Elle constitue, en effet, une source de revenus bien certains, déterminés par une consommation très active du lait dans toutes les classes de la société.

Bon nombre de cultivateurs se livrent à cette exploitation au moyen de vaches nées dans le pays, ou de provenance d'Europe, le plus souvent de race suisse ou bretonne. L'élan est donné ; on s'est aperçu que l'industrie était lucrative et beaucoup cherchent à l'établir dans leur propriété, alors même qu'ils se trouvent placés, ainsi que je l'ai observé tout récemment dans des conditions telles qu'ils n'obtiendront jamais que des résultats défavorables, la quantite d'eau à leur disposition étant insuffisante.

Il est en effet certains points dans nos contrées où la sécheresse persistante, l'insuffisance de l'eau rendent l'industrie laitière complétement impossible. Cette impossibilité résulte d'ailleurs de données physiologiques bien faciles à comprendre.

Le lait contient de 80 à 88 % d'eau ; le sang en renferme 90 %, mais il doit fournir de l'eau à différents organes essentiels, à certaines fonctions vitales, à l'urination, par exemple. Pour que la lactation puisse se produire, il est nécessaire que le sang contienne assez d'eau pour alimenter les organes en question et procurer, en outre, aux mamelles les 80 °/₀ indispensables à la constitution du lait. La plus grande quantité de l'eau éliminée par un animal se produit par la nutrition et par l'évaporation ; ces deux fonctions sont en corrélation régulière ; nous disons à la campagne : « La sueur diminue l'urine, » et l'expression pour être un peu commune n'en est pas moins vraie. Donc, plus l'animal transpirera, plus il éliminera d'eau et plus son sang sera privé de ce liquide et la production du lait diminuera.

De là, cette conclusion naturelle qu'il faut fournir aux vaches laitières une boisson d'autant plus abondante que la température s'élèvera davantage, alors surtout que ces vaches seront de races étrangères au pays.

Les aliments contenant une grande quantité d'eau et en même temps une dose suffisante d'éléments nutritifs permettent à l'animal de se développer tout en produisant beaucoup de lait.

C'est pour cette raison que les drèches humides sont recherchées par les laitiers.

Il faut donc considérer l'eau convenablement aménagée et d'une abondance suffisante pour satisfaire à tous les besoins de la vacherie, comme l'une des exigences les plus capitales d'une ferme exploitation-laitière. Les fourrages peuvent manquer de temps à autre, mais avec de l'intelligence et du soin, on peut y suppléer avec les autres récoltes du sol, avec le grain concassé, par les préparations de son, etc., mais le manque d'eau, alors même qu'il ne causerait pas certaines maladies dans le troupeau, aura toujours cet effet de diminuer la production du lait au point de rendre les vaches peu rémunératrices comme laitières. D'autre part, les animaux dont le lait diminue en été par suite du manque d'eau seront difficilement ramenés, pendant le reste de l'année, à leur plein rendement, malgré des rations abondantes de nourriture et d'eau.

Mais la quantité d'eau n'est pas seulement indispensable pour le succès d'une exploitation-laitière; il faut encore que la qualité de ce liquide vienne s'y ajouter. Les vaches qui s'abreuvent pendant la saison chaude dans des mares, dans des trous de rivière où l'eau stagnante porte en suspension les miasmes des matières végétales en décomposition, donnent un lait malsain, de mauvaise qualité, dont on ne peut tirer que du beurre et du fromage tout à fait inférieurs.

Il y a même ceci de particulier, que, si dans le troupeau deux ou trois vaches ont bu seules de l'eau malsaine, leur lait suffira à rendre mauvais, sinon dangereux tout celui avec lequel il sera mélangé.

Vouloir donc créer une laiterie partout où l'eau sera reconnue en quantité insuffisante ou de mauvaise qualité constituera une opération désastreuse; elle ne pourra donner que de mauvais résultats, alors qu'elle aura demandé des capitaux plus ou moins élevés qui peuvent quelquefois être récupérés, mais surtout du temps, qui ne se rattrape jamais.

Quant aux laitiers déjà installés, ils devront à la fois par économie et par intérêt personnel, par devoir envers leurs clients, veiller avec soin à l'approvisionnement de leurs fermes en eau de bonne qualité.

Ils se rappelleront qu'on ne peut pas faire du lait salubre avec un régime d'eaux malsaines et que l'homme qui pousse son troupeau à s'abreuver dans des mares infestées des germes de diverses maladies, de la fièvre typhoïde, par exemple, est plus criminel en envoyant le lait de ses vaches à la consommation que celui qui baptise son lait avec de l'eau pure, car l'un compromet la santé et la vie du public, tandis que l'autre ne s'attaque qu'à son gousset.

SOINS A DONNER AUX ARBRES

Voilà un titre de causerie qui va paraître singulier
à quelques cultivateurs. Comment ! vont-ils s'écrier,
voilà qu'on vient nous parler de soigner nos arbres.
Est-ce que nous en avons le temps ? Bien d'autres
besognes, en ce moment surtout, nous pressent davantage. Et puis, soigner nos arbres ; à quoi cela
pourrait-il nous servir ? Celui qui a la prétention de
vouloir nous donner quelques conseils à ce sujet,
ignore très probablement que, dans notre pays algérien, les arbres fruitiers ne vivent pas longtemps,
sont toujours malades, ne nous donnent que des
fruits véreux.

Voilà bien le langage que vont tenir quelques-uns ;
ce langage n'est-il pas celui des négligents ou des
paresseux. Leurs pommiers, leurs poiriers, leurs pê-
chers, leurs orangers, etc., sont faibles, végètent misérablement, ne leur donnent que des fruits médiocres, malsains et ils s'en prennent à la nature du sol,
au climat, etc., et la conclusion toute simple est qu'il
n'y a qu'à laisser pousser et vivre les arbres comme
ils le pourront.

Ils ne se donnent même pas la peine de chercher
d'où peuvent provenir toutes ces mousses qui ont
envahi leurs arbres, tous ces animalcules, tous ces
insectes qui viennent s'abattre à un moment donné

sur leurs fruitiers et souvent faire disparaître tout à la fois et leurs feuilles et leurs fruits.

Il leur semble, en vérité, à tous ces négligents ou inconscients que leurs arbres doivent être invulnérables ; ils me rappellent toujours l'histoire de ce bon vieux Normand qui, ivrogne incorrigible, disait gravement, le verre en main : « Que c'est donc un brave homme d'arbre que le pommier ; rien à y faire. Merci, mon Dieu, de nous l'avoir donné ; je vas bère un bon coup à votre santé. »

Que de Normands semblables à celui dont je rapporte la réflexion, parmi nous, sous le rapport de la négligence, bien entendu.

Ceux-là laissent mourir leurs arbres couverts de vermines, de chenilles, de mousses, de fumagine, et ils n'en paraissent contrariés que parce qu'il faudra les remplacer.

Je m'adresse à ces négligents et je me permets de leur dire : « Si vous restiez constamment sans vous laver, sans vous brosser, sans vous nettoyer, en un mot, que vous arriverait-il ? vous le savez, n'est-ce pas, vous ne tarderiez pas à être atteints de maladies parasitaires répugnantes dont les progrès finiraient, d'abord, par vous rendre malades et entraîneraient plus ou moins vite votre mort. C'est pour éviter ces tristes choses que vous suivez, que vous faites suivre exactement à tous les vôtres les préceptes d'une salutaire hygiène qui vous ont appris qu'il valait mieux prévenir la maladie que de s'efforcer de la guérir. »

Eh bien ! il faut de toute nécessité faire pour vos arbres ce que vous ne négligez pas de faire pour vous-mêmes ; si vous ne voulez pas d'abord les voir dépérir et ensuite mourir, n'hésitez pas à leur faire la toilette (l'expression vous paraîtra peut-être peu à sa place), donnez-leur les soins de propreté qui leur sont indispensables et quand ils n'auront plus toutes ces mousses, tous ces chancres, toutes ces vieilles écorces, tout ce bois mort qui sont autant d'abris, de logements pour les ennemis de vos arbres, ceux-ci seront sauvés.

Débarrassez le pied de vos fruitiers des plantes nuisibles, des rejetons qui, trop souvent, y croissent en pleine prospérité, car, si la propreté est une belle vertu dans un ménage, elle a sa même valeur en culture et c'est par elle que le cultivateur est réellement estimable.

Ayez soin de gratter la mousse qui pousse le long de vos arbres, videz et cautérisez les ulcères qui ont pu s'y former, enlevez à la saison les vieilles écorces, car toutes ces végétations sont autant de nids à insectes ; quand la place sera bien nette, faites d'abord un bon badigeonnage à la chaux et plus tard n'hésitez pas à employer de la bouillie bordelaise que vous répandrez au moyen d'un pulvérisateur.

Placez vos sujets dans les meilleures conditions, de façon à ce que, forts et vigoureux, ils puissent résister vigoureusement à l'attaque de leurs ennemis.

Pour arriver à ce résultat, il faut bien vous garder de planter votre arbre à la place même de celui que vous voulez remplacer, car celui-ci, qui a épuisé la substance nécessaire à sa vie, ne laisserait à son successeur aucun principe utile, et, par ce fait même, ce dernier serait certain de végéter et, par suite, moins résistant aux insectes nuisibles.

Ne laissez jamais de bois mort dans vos arbres ; ce bois agité par le vent et s'entrechoquant avec les branches saines, froisse ces dernières ; il constitue, d'ailleurs, d'excellents refuges pour tous les insectes.

Ne croyez pas, enfin, que vos arbres ne se trouveront pas bien des engrais que vous leur fournirez ; faites pour eux, dans ce sens, ce que vous faites pour vos cultures de céréales, de vignes et vous obtiendrez sûrement des produits plus abondants et plus savoureux ; donnez la préférence aux engrais minéraux tels que phosphates de chaux finement pulvérisés, nitrates de soude et de potasse, sulfates de fer, seuls ou mélangés avec du fumier de ferme bien préparé.

En procédant de cette façon, vos arbres fruitiers devenus sains, vigoureux, vous prouveront par d'abondantes récoltes qu'ils vous sont reconnaissants des bons soins que vous leur avez donnés ; vous aurez également la preuve qu'en Algérie, comme ailleurs, la culture des arbres fruitiers bien conduite peut donner d'excellents résultats.

LA GESTION DIRECTE

Le système de l'entreprise, pour toutes les fournitures de denrées à l'armée est donc définitivement condamné et remplacé par la gestion directe.

Que de temps il a fallu pour obtenir la suppression de ce ruineux procédé dont le résultat le plus certain était l'enrichissement des entrepreneurs aux dépens des producteurs. Que de luttes à la Chambre, dans toute la presse agricole, pour arriver à démontrer que, dans le système de l'entreprise, les fournisseurs, intermédiaires souvent étrangers, ruinaient à la fois le cultivateur et l'armée, en achetant, à vil prix, les denrées du premier et en les revendant à la deuxième avec des majorations exhorbitantes.

On ne pouvait plus longtemps, sans donner prise à bien des suspicions, se refuser à accepter le système de la gestion directe.

Nous avons, dans nos campagnes, certaines idées de justice solidement ancrées dans notre esprit et que tous les sophismes intéressés de beaux discoureurs ne feront jamais disparaître.

Nous nous demandions depuis longtemps déjà, sans trouver de réponse satisfaisante, l'avantage qu'il pouvait y avoir à payer un intermédiaire, le fournisseur-entrepreneur, quand on peut s'en passer. L'Etat en ne passant pas de marchés directs, nous rappelait ces pères de famille qui, au lieu de gérer leur fortune par eux-mêmes, la confie à un régisseur, et on sait que bon nombre de régisseurs ont la réputation de ne pas pratiquer toujours la politique des mains nettes.

Est-ce qu'il était sensé de provoquer la venue, sur nos marchés, de denrées exotiques quand on peut se suffire avec les produits nationaux? Etait-il admissible que l'Etat militaire fût le premier à faire ainsi ou à laisser faire une concurrence ruineuse à l'Etat civil ou agricole?

Au point de vue pratique, n'était-il pas plus simple de provoquer des achats au mois, au trimestre, au lieu de soumissionner pour la trop longue période d'une année et pour des quantités trop importantes.

Nous nous disions encore que, par la gestion directe, les centres militaires, disséminés partout sur le sol français, feraient sentir partout leur action bienfaisante en achetant sur place. Ce serait le bien au lieu du mal ; le juste et le vrai, le simple et l'honnête, le meilleur des encouragements nationaux à l'agriculture.

Savez-vous comment procédait dans nos campagnes l'entrepreneur-fournisseur. La chose était bien simple. Bien avant que les fourrages fussent coupés, alors que les blés et les orges étaient encore sur pied, que les cours ne pouvaient être établis, il parcourait les fermes, les villages, achetant à des prix dérisoires, par marchés réguliers, faisant au besoin des avances aux cultivateurs les plus nécessiteux. Comme il était en même temps que fournisseur, presque toujours un peu prêteur d'argent, il ne craignait pas d'user d'intimidation ; on pourrait avoir besoin d'argent pendant le cours de l'année agricole suivante et il se montrerait bon prince, si l'on était raisonnable. Il arrivait ainsi à un accaparement de récoltes importantes qui lui permettait de se trouver seul soumissionnaire et, par suite, adjudicataire à 18 fr. de fourrages achetés 8 fr. ; à 16 **fr.** d'orge livré à 10. Il est vrai que la paille était coté 2 ou 3 francs. Le tour était joué ; le colon producteur restait dans sa misère ; l'Etat, en enrichissant le détenteur du capital, l'intermédiaire adroit, au détriment de ce colon et des finances publiques, devenait son complice involontaire.

Il a compris enfin que ce ne pouvait être son rôle et il faut féliciter tous ceux que leur dévouement aux intérêts des cultivateurs a soutenu, depuis deux ans, dans cette lutte qui n'était pas sans quelque danger contre des accapareurs dont beaucoup n'étaient pas français.

Dans notre département, le *Réveil de Sétif*, surtout, a montré tous les avantages de la gestion directe et dévoilé les abus de l'entreprise, avec l'énergie bien connue de son rédacteur, M. Tournier ; les colons de la région lui sauront gré, sans doute, de sa vaillante campagne en leur faveur.

Je ne connais pas encore le règlement administratif qui régira le système de gestion directe. Mais je suppose qu'il nous permettra à tous d'être soumissionnaires pour des quantités pouvant descendre jusqu'à 50 quintaux, par exemple, et qui seront par suite à la portée de tous. Ce sera là de la vraie démocratie.

C'était un crime, par le temps de crise universelle qui court, de fermer la porte des marchés, de raréfier les écoulements, de faire la fortune d'une organisation particulière, factice et artificielle, au détriment du producteur national et local.

L'intervention d'un intermédiaire onéreux, que les syndicats cherchent à supprimer, qui ne songe qu'à s'enrichir aux dépens d'autrui était une conception fausse, anti-économique, anti-patriotique, anti-française. Sa disparition produira des résultats considérables tout à l'avantage des cultivateurs français et algériens.

AMÉNAGEMENT

DES

NAVIRES CHARGÉS DU TRANSPORT

Il y a peu de jours, une Commission se réunissait à Alger et y discutait les modifications à apporter dans le cahier des charges à appliquer à la Compagnie de navigation qui se rendra ajudicataire du service postal entre la France et l'Algérie. Cette Commision a demandé la création de nouveaux services directs entre Bône, Philippeville, Bougie et Marseille ; ses Membres sont tombés d'accord sur le minimum de rapidité que devraient avoir les nouveaux services, leur tonnage, leur aménagement ; enfin, ils ont particulièrement insisté pour que les viticulteurs algériens ne fussent plus astreints à payer, tantôt 7 francs, tantôt 8 francs, tantôt 9 francs et plus par hectolitre, pour le transport de leurs vins jusqu'à Bercy ; le tarif de ce transport désormais fixe, invariable, sera de 6 francs 75 centimes.

La Commission, vous le voyez, a donc fait de la bonne besogne ; mais il me semble, et je crois que vous serez de mon avis, que cette besogne eut été meilleure et surtout plus complète, si elle n'eût pas laissé de côté la question si importante du transport de nos animaux domestiques.

Et je m'imagine que cette question n'eût pas été oubliée si on avait appelé à cette réunion quelques-uns de nos Présidents de Sociétés agricoles, Comices ou Syndicats si dévoués à la défense de nos intérêts.

On m'objectera sans doute qu'il ne s'est agi, dans la circonstance, que d'un service postal qui n'a pas à transporter les animaux, que le cahier des charges interdit d'une façon absolue ce transport. L'objection a bien sa valeur, mais je ferai remarquer qu'on s'est cependant bien préoccupé du prix du transport des vins. Pourquoi, dès lors, ne se serait-on pas inquiété de celui de nos animaux d'exportation ; pourquoi n'aurait-on pas discuté sur les modifications indispensables à apporter au système actuel de transport ? N'aurait-on pas pu émettre le vœu que la Compagnie déclarée adjudicataire aurait en même temps à assurer le transport du bétail exporté, moyennant tel prix à fixer et au moyen de navires aménagés spécialement.

Ce vœu était d'autant plus utile, à mon avis, que la protection accordée à notre pavillon, en créant peut-être un monopole au profit de deux ou trois Compagnies de navigation, permettra probablement à celles-ci d'imposer aux expéditeurs des conditions peu avantageuses pour leur commerce.

Et puisque j'ai parlé du système actuellement suivi pour le transport de nos animaux, ne pensez-vous pas, comme moi, qu'il est absolument défectueux et qu'il serait indispensable de le transformer complétement.

Vous savez comment ils sont embarqués, nos moutons surtout ; empilés sur le pont, ils sont tellement pressés les uns contre les autres, que ceux qui tombent sont sûrement étouffés, écrasés ; les lots sont séparés par de simples planches et en cas de mauvais temps rien n'abrite les animaux contre les eaux du ciel ou celles de la mer. Ce sont là des conditions désastreuses pour l'expéditeur, tout à fait désavantageuses pour la bonne conservation des animaux embarqués ; elles ont naturellement leur répercussion sur l'ensemble de la production ovine algérienne, et l'on conçoit que ses détracteurs aient beau jeu pour la représenter en la jugeant, à son arrivée à Marseille, comme tout à fait inférieure, ne donnant qu'une viande maigre de qualité secondaire.

C'est aux Sociétés d'agriculture, aux Comices et aux Syndicats agricoles qu'il appartient de faire cesser cette situation si funeste à notre agriculture algérienne ; il est de toute nécessité qu'elles entreprennent aussitôt l'étude de cette question de prix de transport, et des modifications à apporter au système actuel ; qu'elles soumettent, à bref délai, le résultat de cette étude au Gouvernement ; elles auront acquis un droit de plus à la reconnaissance des agriculteurs.

Il faut qu'elles demandent :

1º Que le bétail ne soit plus parqué sur la partie supérieure du pont des navires, ou ne pourra l'être qu'à la condition expresse d'être abrité non sous des bâches, mais sous de véritables barraquements en bois, ayant un caractère d'installation permanente ;

2º Que le bétail placé dans le faux pont soit assuré d'une aération suffisante au moyen d'appareils spéciaux de ventilation ; que les constructions soient assez solides pour résister au mauvais temps ; tout navire dont l'outillage serait trop léger ou mal installé devrait être considéré comme impropre au transport du bétail ; la même exclusion devrait être faite pour ceux dont la ventilation intérieure serait reconnue défectueuse ;

3° Les voies de passage entre deux rangées d'animaux ne doivent pas avoir moins d'un mètre de largeur et ne seront, sous aucun prétexte, obstruées ; le pont devra toujours être pourvu de soupapes et de fuites servant au dégagement de l'eau de mer embarquée ;

4° Enfin, il serait indispensable que chaque lot de cent têtes fut confié à la surveillance de deux gardiens au moins, choisis avec soin et placés sous le contrôle d'un agent des expéditeurs.

Ce sont là les règles suivies depuis longtemps déjà par les 216 navires qui ont importé d'Amérique à Liverpool, pendant l'année 1893, 381,667 bêtes vivantes ; c'est au moyen de ces règles dont l'exécution est toujours sévèrement surveillée par une Commission spéciale que la perte pendant cette même année ne s'est élevée qu'à un pour cent ; elle est insignifiante, vous en conviendrez, quand on songe aux périls que court le bétail dans une traversée aussi longue et aussi tourmentée que celle de l'Atlantique.

Je ne vous dirai pas à quel chiffre pour cent s'élève la perte subie par nos expéditeurs sur Marseille, mais vous pouvez être assurés que si vous leur garantissiez qu'ils ne perdront jamais plus de trois pour cent pendant toute la durée de la campagne, ils s'estimeraient très heureux de vous signer le contrat que vous leur proposeriez dans ce sens.

UNE CALOMNIE A SIGNALER

Les détracteurs de l'Algérie se rencontrent souvent parmi quelques pseudo-journalistes désireux de montrer qu'après un simple séjour d'une semaine ou deux à Alger ou à Biskra, ils ont trouvé la solution de tous les problèmes algériens; elle se résume, du reste, pour eux en deux formules bien simples : le colon est un exploiteur : tout à l'indigène et par l'indigène; çà n'est pas bien difficile, vous le voyez.

Parfois ce sont les informations les plus étranges, les plus fausses qui surgissent, détonnant comme le pistolet de l'escamoteur pour attirer l'attention du bon public au profit d'une réclame quelconque ou pour prouver qu'on est bien informé. On se préoccupe peu de savoir si la nouvelle sera funeste à notre pays, aux colons. Qu'importe ? Elle s'en va dans les colonnes du journal, pénétrant dans les coins les plus reculés de la France, à l'étranger, nous créant une injurieuse réputation qui éloigne de nous tous ceux qui voudraient venir se fixer en Algérie, qui désireraient entrer en relations avec nous.

Ces réflexions me sont dictées par la lecture d'un article paru dans un journal que je ne vous nommerai pas, mais dont la publicité est considérable; je vais vous citer quelques passages de cet article et vous apprécierez s'il n'y aurait pas inconvenance à le laisser passer sans protester.

« Encore une nouvelle explication sur laquelle il est bon d'attirer l'attention. Pendant très longtemps le vin de raisins frais a été fraudé avec le vin de raisins secs que l'on faisait venir d'Orient. Aujourd'hui, au raisin on substitue les figues de l'Asie-Mineure qui sont d'une richesse saccharine fort élevée et d'un prix modique. Aussi avons-nous le vin de figues. *L'opération est surtout pratiquée en Algérie.* »

Suivent quelques détails sur la façon dont se prépare ce vin de figues et sur un procédé nouveau permettant de reconnaître sa fraude ; en dernier lieu, sa conclusion à retenir : « *N'importe ? quand on croit acheter des vins algériens de bon raisin ensoleillé, il est toujours désagréable d'avoir en échange des vins de figues d'Asie-Mineure.* »

Et voilà comment on écrit l'histoire ? Voilà comment on fait une réputation d'indélicatesse, je n'ose pas employer une autre expression, à toute une classe de gens laborieux, méritants, de colons qui depuis le premier janvier jusqu'à la Saint-Sylvestre triment pour préserver leurs vignobles des maladies et des voleurs, des incendies et des sauterelles. Pour récompenses de ces durs travaux, de ces atroces fatigues dont on n'a pas la moindre idée en France, le commerce n'achètera plus désormais nos vins qu'avec la plus grande méfiance, nous aurons perdu peut-être notre clientèle bourgeoise déjà nombreuse à l'Est et au Nord de la Métropole, et quand la clientèle est perdue, il n'est pas aisé de la rattraper.

Vous remarquerez que l'article en question n'indique nullement sur quels points de l'Algérie a lieu cette fabrication de vins de figues ; non, c'est l'Algérie toute entière qui est visée. Ainsi nous exporterons cette année 1,800,000 hectolitres peut-être et on pourra nous dire que sur cette quantité il en est au moins moitié de vins de figues.

Ne pourrait-on cependant, demander à l'auteur de l'article en question, s'il est bien certain que les vins qu'il signale sont fabriqués en Algérie ; j'ai presque lieu de croire, et j'estime que vous serez de mon avis qu'ils sont au contraire fabriqués à Paris et qu'ils n'ont d'Algérien, que l'étiquette nécessaire à leur débit.

Ce ne serait pas la première fois que notre pavillon aurait servi, à notre insu, malgré nous, à couvrir une marchandise déloyale, un vin fabriqué de toutes pièces.

N'a-t-on pas vu, il y a quelques mois seulement, le Conseil municipal de Paris être obligé de sévir contre certains commerçants peu scrupuleux vendant sous le nom de vins algériens des boissons dans lesquelles n'était jamais entré un grain de raisins frais.

Ne voit-on pas s'étaler chaque jour à la troisième et à la quatrième page de certains grands journaux ces annonces engageantes de prétendus propriétaires algériens offrant à Paris leur vin à des prix que nous ne pourrions accepter ici sur place. Vous pouvez consulter l'*Annuaire viticole algérien ;* vous n'y trouverez pas les noms de ces propriétaires de clos *manarf.*

C'est peut-être dans leurs caves, à Paris, ou dans la banlieue, dans leurs officines qu'il faudrait aller chercher ces vins de figues qu'on dit être fabriqués en Algérie ; c'est peut-être là que la fabrication de vins de raisins secs a été remplacée par celle plus économique de vins de figues ; c'est de ce côté que les recherches, les investigations doivent être dirigées et nous sommes certains qu'elles seront suivies de succès.

Mais cette œuvre indispensable ne peut être entreprise et menée à bonne fin que par les syndicats et les sociétés agricoles dans l'intérêt de la viticulture algérienne tout entière.

SYNDICAT DÉPARTEMENTAL VITICOLE

La constitution du syndicat départemental pour la défense de nos vignobles est donc aujourd'hui un fait à peu près accompli, puisque dimanche prochain vont avoir lieu les élections des syndics.

Bône en aura six, Philippeville sept, Bougie trois, Guelma trois, Sétif trois, Batna trois, Constantine trois.

Le syndicat comptera par suite vingt-huit délégués qui nommeront leur directeur.

J'ai été frappé dans cette répartition, de ce fait que les régions de Batna et de Sétif réunies, qui renferment à peine 300 hectares de vignes taxées vont avoir six représentants au syndicat, alors que celle de Constantine, qui compte un vignoble de 1,800 hectares taxés, n'en aura que trois. Et il n'y a qu'à s'incliner, la loi formelle à cet égard indiquant que tout arrondissement ayant moins de deux mille hectares plantés en vigne aura trois syndics.

Quelques amis m'ont demandé à plusieurs reprises ce que je pensais de cette institution nouvelle et que beaucoup supposaient ne pouvoir être établie dans notre département.

Les uns la voient avec une certaine appréhension et seraient presque disposés à protester contre sa constitution ; d'autres, au contraire, l'ont acceptée avec enthousiasme.

Les premiers se disent, non sans quelque apparence de raison que c'est une grosse responsabilité que les viticulteurs réunis en syndicat vont désormais supporter ; le service des recherches dirigé par l'Etat ne marchait pas trop mal, quoique en aient dit certains ; il était fait économiquement puisque paraît-il, plus de 20,000 francs restent en caisse sur l'exercice 1888 ; il avait enfin cet avantage qui n'est pas à dédaigner de permettre la défense du vignoble sur un terrain neutre où tous froissements de personnes et d'opinions étaient absolument évités.

Les seconds avec non moins de raison font remarquer, tout d'abord, qu'il est peu flatteur pour les viticulteurs du département de Constantine de n'avoir encore pu se syndiquer, alors qu'à Oran et à Alger, des syndicats fonctionnent depuis deux ans. Ils n'ont pas peur de cette grave responsabilité qui effraie les premiers, car ils ne peuvent admettre qu'ils ne feront pas aussi bien qu'a pû les faire le service administratif, ces recherches dont dépend le succès de la lutte. Qui les empêchera du reste de conserver pour ces travaux la plupart des agents de ce service, tous nommés au concours. Leur groupement leur permettra enfin de s'occuper utilement des questions économiques qui intéressent si vivement la viticulture algérienne et ils pourront en s'alliant aux syndicats d'Alger et d'Oran faire entendre avec bien plus de force leurs légitimes revendications.

J'avoue sans difficulté que je suis tout disposé à me rallier à ces partisans du syndicat. Je comprends difficilement qu'on ne puisse faire ses affaires soi-même et qu'on veuille en toutes circonstances en laisser le soin à l'administration ; celle-ci, dont les préoccupations sont multiples parce qu'elle a pour devoir de veiller à des intérêts variés et souvent opposés peut, malgré le zèle de ses fonctionnaires, laisser passer inaperçues certaines questions, en apparence secondaires, mais qui n'ent ont pas moins au fond une grande importance pour nos viticulteurs.

L'objection d'économie me semble peu sérieuse. Comment les vignerons qui paient presque tous les frais de ce service seraient-ils disposés à les augmenter au lieu de suivre le sage exemple qui leur a été donné par l'administration ? N'ont-ils pas tout intérêt, au contraire, à accroître leur fonds de réserve de façon à pouvoir faire face à toute éventualité fâcheuse.

L'institution du syndicat départemental est excellente en soi et personne ne saurait le contester. Rallier, grouper dans une association toutes les initiatives individuelles qui, prises isolément, n'ont aucune force, en former une collectivité qui devient d'autant plus puissante qu'elle est plus nombreuse, qu'elle constitue un épais faisceau, n'est-ce point là le vrai moyen de faire connaître utilement nos produits, nos besoins, de défendre énergiquement nos intérêts.

A notre époque, où la solidarité n'est pas, ne peut être un simple mot, l'isolement devient plus qu'une faute et entraîne les conséquences les plus fâcheuses pour le bien-être de tous. Les protestations les plus discrètes, les plus justes risquent peu d'être écoutées lorsqu'elles sont isolées, émanant seulement de quelques personnes, ignorant la plupart du temps qu'elles luttent pour les mêmes améliorations ; elles sont au contraire accueillies favorablement quand elles sont formulées par les représentants d'une association nombreuse, parce que ces représentants parlent au nom de la collectivité, du nombre et que le droit sous un gouvernement d'opinion comme le nôtre, doit rester au nombre.

Je suis fermement convaincu que si nous avons la force de mettre en commun nos intérêts viticoles en dehors de toute préoccupation de partis politiques, nous nous trouverons dans d'excellentes conditions pour sortir de la crise qui menace de nous ruiner après nous avoir appauvris et que nous pourrons nous défendre aussi efficacement que par le passé contre le phylloxéra.

Mais il faut absolument que nous nous abstenions d'introduire la politique dans la constitution de notre association. Que gagneraient, du reste, les hommes de parti ou ceux qui aspirent à le devenir à vouloir s'emparer de la direction du syndicat dans un but facile à deviner. Ils détourneraient d'abord cette association de son véritable but et la viticulture de notre région ne pourrait qu'y perdre; discutés par leurs adversaires, peut-être même poursuivis de soupçons injurieux, ils entraîneraient dans leur chute celle de de l'institution elle-même qui, après cet essai malheureux, aurait bien de la peine à se relever.

Et puisque introduire la politique dans le syndicat ne peut être utile à personne, les viticulteurs feront œuvre de prévoyance en éloignant de l'administration de notre association syndicale les chefs de parti.

D'autre part, ceux-ci donneront un témoignage de sagesse et d'attachement au pays en considérant le syndicat viticole comme un champ neutre sur lequel leur cause, quelque noble qu'elle leur paraisse, ne peut être utilement servie qu'en affaiblissant et peut-être même en ruinant une institution appelée à rendre de grands services au *département*.

LE GOUT DE TERROIR

L'un des grands reproches que l'on fait souvent à nos vins, c'est de posséder ce que l'on appelle le goût de terroir.

Les acheteurs du pays, les négociants de France, pour obtenir les livraisons à meilleur marché, ne manquent jamais de signaler bien haut ce goût de terroir dans les vins qui leur sont présentés; les courtiers venant de la Métropole, comme preuve de leur compétence, n'oublient pas d'attribuer ce goût aux racines des palmiers, des jujubiers qui ont échappé aux travaux de défrichement, même lorsque les vins proviennent de régions, comme celle de Constantine, où le palmier nain est inconnu et où le jujubier est assez rare.

Il y a certainement exagération dans ces appréciations. Certains de nos vins ont bien pu avoir, au début, lorsque les vignes étaient encore jeunes, le matériel vinaire insuffisant, un goût particulier, mal défini ; mais de là à prétendre que tous présentaient cet arôme que l'on s'empresse d'attribuer au sol, il y a injustice.

Il est difficile, du reste, de préciser où s'arrête le goût du terroir et où commence le bouquet. C'est à ce point que les dégustateurs, les connaisseurs ne s'accordent pas toujours ; les uns, par exemple, considèrent quelques vins de Souk-Ahras comme ayant un certain goût de terroir, alors que d'autres amateurs, non moins compétents, affirment que ces mêmes vins ont un bouquet spécial rappelant parfois celui des crus de Bourgogne.

En fait, les vins d'une même contrée ont un air de famille permettant facilement au dégustateur de distinguer le cru ; cet arôme spécial provient tant du cépage cultivé que du sol, de l'exposition et du climat. Les vins de Beni-Melek, à Philippeville, ont tous un bouquet caractéristique qui s'accentue avec l'âge, comme dans tous les autres vins, du reste.

Ce que l'on est convenu d'appeler le goût de terroir est au contraire très sensible au début et va en s'affaiblissant à mesure que le vin vieillit ; il semblerait que ce goût provient de la pellicule du raisin, car à mesure que la clarification s'opère et que le vin se dépouille, cette saveur particulière s'atténue et finit, le plus souvent, par être remplacée, suivant les localités, les modes de vinification, par un bouquet plus ou moins agréable.

Mais il convient toujours avec ces vins à goût particulier, d'employer certaines pratiques qui les en débarrasseront assez rapidement.

Il faut obtenir chez eux, le plus tôt possible, une parfaite clarification que l'on provoque par des collages fréquents, par des soutirages répétés ; il est indispensable de laisser séjourner le moins longtemps possible le liquide sur la lie. Il convient aussi très souvent d'abréger la durée de la cuvaison. Grâce à ces précautions et le plus généralement, le goût de terroir, si tant qu'il existe, disparaît rapidement.

Indépendamment de ces soins à donner aux vins, il y a encore à étudier la question des terrains dont il est toujours possible de modifier la composition par des engrais ou des travaux appropriés ; par des amendements à base de chaux, par exemple, s'ils présentent un excès d'acidité ; par le drainage, s'ils sont trop humides.

Par tous ces moyens combinés on arrive toujours à faire disparaître le goût particulier que peuvent présenter certains vins produits de vignes encore jeunes ; et si certains courtiers, pour des besoins de la cause, vous disent trouver à nos vins un goût de terroir, vous pourrez leur répondre hardiment qu'ils se trompent, mais ne pourront vous tromper.

ENSEIGNEMENT AGRICOLE

PAR LES INSTITUTEURS

En 1887, au mois de décembre, le Ministre de l'Instruction publique décidait qu'un certain nombre de prix spéciaux serait accordé aux Instituteurs et aux Institutrices primaires ayant donné avec le plus de zèle et de dévouement l'enseignement agricole et horticole à leurs élèves.

Cette mesure demandée par la plupart des associations agricoles en France, vient d'avoir son nouvel effet, tout récemment ; vingt prix d'une valeur de 300 fr. à 100 fr. et autant de médailles en argent ont été décernées le 16 décembre dernier ; parmi les honorables Instituteurs récompensés pour leur dévouement à développer chez leurs jeunes élèves le goût de l'agriculture et les notions qui s'y rattachent, j'ai remarqué avec plaisir le nom de M. F. Saïd, à Barral ; il est, du reste, le seul, en Algérie, ayant obtenu cette récompense.

Certes, on ne saurait trop le répéter, c'est une mission bien délicate que celle de l'Instituteur.

Développer chez de jeunes enfants le goût de l'étude, l'amour du travail, faire pénétrer dans leurs jeunes intelligences les sentiments qui doivent en faire plus tard des hommes utiles, dans toute l'acception du mot, à leur pays, n'est-ce point une sorte de sacerdoce?

De ces premières leçons de l'Instituteur et lorsqu'il est aidé par ses parents, dépendent presque toujours l'avenir de l'enfant, la voie qu'il suivra avec plus ou moins de succès.

C'est surtout dans les campagnes que cette influence est grande; là, l'esprit de l'enfant, toujours frappé des mêmes scènes, s'y attachera plus fermement si le guide qui le dirige sait bien lui en faire goûter tous les charmes, toutes les beautés.

Cette influence devait être utilisée pour la diffusion de l'enseignement agricole.

Nul plus que l'Instituteur ne peut, en effet, y concourir efficacement.

Les sociétés, les comices agricoles par leurs études, par leurs publications, ne contribuent au développement des bonnes méthodes agricoles que chez le petit nombre de propriétaires faisant partie de ces associations.

Le professeur d'agriculture, dans ses conférences sur les divers points du département, ne s'adresse qu'à un public d'agriculteurs ne tirant profit de son enseignement que parce qu'ils possèdent déjà une pratique et souvent une instruction agricole relativenent élevées ; ses conseils ont une forme qui serait peu compréhensible pour tous autres ; les sujets qu'il traite sont connus dans leurs grandes lignes par tous ceux dont la profession est de retirer du sol par la culture la plus grande somme possible de produits.

L'Instituteur, par ces premières leçons, prépare le terrain dans lequel seront déposées plus tard des notions agricoles d'un ordre plus élevé et plus conformes, surtout à l'économie rurale.

C'est lui qui, dans le principe, par ses sages conseils, fera que l'enfant devenu homme s'attachera au sol, ne désertera plus les campagnes ; c'est lui qui lui fera comprendre qu'en restant sur le domaine paternel, quelque petit qu'il soit, au village, il y trouvera presque toujours le bien-être, en même temps que la satisfaction élevée que donnent l'accomplissement du devoir et la pratique d'une vie laborieuse, simple et régulière.

Ses leçons ont, du reste, un caractère si attrayant pour les jeunes enfants qu'elles constituent presque une récréation ; il ne s'agit point là d'une fable, d'une règle de grammaire à apprendre par cœur ; elles ne se font presque jamais dans la classe, mais bien dans le jardin de l'école ou dans un des mieux entretenus du village.

Elles consistent le plus souvent en démonstrations, en exemples qui se gravent facilement dans la mémoire des enfants, parce qu'il est facile de les faire toucher, pour ainsi dire, du bout du doigt.

On m'a affirmé qu'à Barral, ces leçons étaient données dans un jardin que l'Instituteur lui-même a créé près de l'école avec le concours de la Municipalité.

Chaque élève, paraît-il, y est propriétaire d'une petite planche de terrain, dans laquelle il sème, récolte, à son bénéfice, suivant les indications, les conseils du maître.

Voilà le véritable enseignement, celui qui profite réellement aux enfants, car, en même temps qu'il les intéresse à tous égards, qu'il leur donne l'émulation, il les prépare pour l'avenir à des travaux plus sérieux et plus pénibles qu'ils exécuteront à la fois avec plus d'énergie et d'intelligence.

Je sais bien que tous les Instituteurs dans les campagnes ne peuvent procéder comme celui de Barral ; tous sont loin d'avoir à leur disposition un jardin assez grand, de l'eau en quantité suffisante pour y installer un champ pratique de démonstration ; toutes les Municipalités ne paraissent pas aussi convaincues que celle de Barral de l'absolue nécessité de l'enseignement agricole à l'école primaire ; beaucoup seraient plutôt disposées à organiser des écoles professionnelles pour ouvriers autres que ceux des campagnes.

Je suis loin d'être hostile à la création de ces sortes d'institutions qui, en permettant à l'ouvrier de se perfectionner dans la pratique de son art, lui assurent un travail mieux rétribué ; mais, je crains de voire se produire, par le fait même de leur établissement, une tendance de nos jeunes fils de colons à quitter la campagne.

Cette tendance, déjà si grande en France, que tous les économistes l'envisagent avec épouvante, serait, à mon avis, désastreuse pour l'Algérie, si elle s'y produisait également.

Il ne faut pas oublier que notre pays est essentiellement agricole et ne peut arriver à une sérieuse et durable prospérité que par le développement de son agriculture.

Préoccupons-nous d'abord d'assurer ce développement par tous les moyens à notre disposition.

Et, parmi ces moyens, l'enseignement agricole à l'école primaire étant un de ceux devant fournir les meilleurs résultats, il faut l'encourager partout où il est déjà donné, l'exiger dans toutes les écoles où il sera possible de le distribuer ; il faut, enfin, que les municipalités des villages, les conseils généraux, les sociétés agricoles s'empressent de venir en aide aux instituteurs pour l'établissement de jardins de démonstration dans lesquels les enfants, apprenant à aimer l'agriculture, en deviendront les plus zélés défenseurs en même temps que les plus habiles ouvriers.

LA FAUCHAISON

Nous ne sommes pas bien éloignés de l'époque où
il faudra envoyer faucheurs ou faucheuses mécaniques
dans les prairies ; j'ai déjà vu passer quelques Kabyles armés de leurs longues faux et je voudrais vous dire
quel est, à mon avis, le meilleur moment pour couper l'herbe et la convertir en fourrage de bonne qualité.

La phase de la végétation qui offre à ce point de
vue le plus davantage est celle, à n'en pas douter, où
la plante est en fleurs. C'est alors, en effet, quoiqu'en
disent certains routiniers, qu'elle possède, aussi également répartis que possible dans toutes ses parties,
les principes alimentaires qui lui sont propres.

Avant la floraison, les plantes renferment trop d'eau
de végétation ; après la fleur, la vie du végétal se
concentre trop exclusivement dans un seul fait : la
fructification. Alors, le reste de la plante se dessèche
et devient cassant ; les manipulations du fanage, celles
qu'entraînent le transport, l'emmagasinement, le bot-
telage font tomber les feuilles et les graines ; les tiges
dures et ligneuses restent seules et ne constituent
qu'un fourrage peu recherché et peu nutritif.

Voilà donc bien démontrée la nécessité de ne couper qu'en temps opportun la plante destinée à donner
du foin ; bien déterminée également l'époque à la-

quelle l'herbe se présente dans les meilleures conditions pour fournir un aliment riche en matériaux nutritifs.

Malheureusement, tous les colons ne sont pas encore assez pénétrés de ces indications ; et il n'y a pas
à leur jeter la pierre, car en France bien des cultivateurs procèdent d'une façon aussi défectueuse. « Dans
les prés qu'on livre au pâturage après une coupe
unique, dit M. de Dumbasle, on est disposé à faucher trop tard ; on croit gagner en quantité et l'on
perd beaucoup plus sur la qualité du foin. Le moment de faucher une prairie est celui où les plantes
qui y abondent le plus et qui produisent le meilleur
fourrage commencent à être en pleine fleur ; lorsqu'elles sont à ce point, quelques jours de retard font
une différence très considérable dans la qualité du
fourrage ; car toute plante qui a amené sa graine à
maturité ne produit plus qu'un foin dur, peu savoureux, peu nourrissant pour le bétail ; et les meilleures
plantes des prairies, principalement les graminées,
passent avec une rapidité étonnante de la floraison à
la maturité. »

Dans notre pays, ce passage de la floraison à la
maturité est encore bien plus rapide qu'en France ;
un soleil un peu ardent après une légère pluie, un
coup de siroco déterminent cette maturité du jour au
lendemain.

Aussi, le répéterai-je, l'apparition des premières
fleurs, doit-elle être considérée comme le signe certain qu'il est temps de faucher. La reproduction est
un travail épuisant, pour tout être végétal aussi bien
qu'animal. Dès que ce travail commence, la plante y
consacre toutes ses forces. Non seulement elle n'en-

voie plus rien aux parties autres que la fleur et la graine qui doit lui succéder, mais elle en tire tout ce qu'elle peut de sève, et les feuilles et les branches inférieures commencent à se flétrir, à se dessécher, à se détacher.

Il suit de là, que le fourrage ne gagne plus rien en éléments réellement nutritifs. S'il accroît en poids, c'est que ses tiges deviennent ligneuses et c'est un grand mal sous l'apparence d'un bénéfice.

Ces généralités, que je crois exactes pour tout fourrage, le sont bien plus certainement pour les fourrages durables, tels que la luzerne et l'esparcette.

La première coupe de la luzerne, si on l'a laissée arriver jusqu'à la graine, emporte toute la force végétative de l'année et une partie de la vitalité même de la plante. Si, au contraire, on la fauche à temps, la plante, conservant dans toutes ses parties la vigueur de végétation, ses feuilles y restent attachées et ne se perdent pas dans les opérations de la fenaison.

On empêche la multiplication des mauvaises herbes à graines volantes qui fleurissent en même temps ou un peu plus tôt que la luzerne et enfin on prolonge l'existence de la luzernière qui est bientôt ruinée, si on laisse la plante se consumer constamment dans les efforts épuisants de la reproduction.

Mais il n'est pas facile de faire adopter cette fauchaison hâtive par les cultivateurs, trop nombreux, qui ne réfléchissent pas.

Il faudrait encore noter l'avantage de faire commencer plus tôt et par conséquent de répartir mieux la série des travaux qui, à dater des premières fenaisons, s'accumulent outre mesure jusqu'au battage des blés ; à tous ces avantages certains, les cultivateurs irréfléchis préfèrent le faux gain d'un poids un peu plus élevé sur la coupe d'un foin devenu ligneux, dur, privé des feuilles qui en constituent la partie la plus nourrissante et la plus appétissante.

Ceux qui agissent ainsi en vue de la vente de leurs fourrages sont blâmables en conscience ; mais si on ne les excuse pas, on comprend leur motif. Ceux qui doivent faire consommer leurs foins n'ont même pas cette mauvaise excuse à donner.

Je me suis répété à dessein sur ce point, parce qu'il appelle dans la pratique générale une réforme utile et nécessaire. En beaucoup de circonstances on peut regretter que la pratique ne puisse se conformer que de loin aux prescriptions les plus certaines de la science. Ce n'est pas le cas, ici, où rien ne serait plus facile que de suivre, à tous égards, l'enseignement très nette qu'elle nous donne.

On fauche donc trop tard, en général, et l'on obtient des foins moins riches : voilà le fait.

DÉFONCEMENT DU SOL

INCULTURE DE LA VIGNE

Quand il n'en coûte guère d'acheter du terrain et de s'étendre, on ne donne qu'un rez-de-chaussée ou un étage à sa maison ; mais aussitôt que le prix du terrain prend des proportions excessives, on se rattrape sur l'atmosphère qui ne coûte rien, et l'on ajoute un ou plusieurs étages à la maison basse que l'on avait. C'est bien de cette façon qu'ont procédé et procèdent encore la plupart de nos propriétaires à Constantine.

Les choses se passent à peu près ainsi en agriculture. Partout où la terre est à bon marché, on en achète le plus qu'on peut ; on en égratigne une partie sous prétexte de la labourer, on en met une autre partie en pâturages et on laisse le reste en friche jusqu'à nouvel ordre. On fait, en mot, de la culture pastorale, extensive ; j'allais dire de la culture arabe.

Mais si le cultivateur est à l'étroit sur un bout de terrain, c'est une autre affaire.

A défaut de la superficie qui lui échappe, il songe à se rattraper sur le fonds. Il n'égratigne plus le sol, au moyen du primitif araire indigène, il le creuse au moyen d'une bonne charrue européenne, de la bêche, il le fouille du crochet, il y cherche le trésor promis par le fabuliste, le bon La Fontaine, et il le trouve. Ne pouvant aller ni en long ni en large comme dans la culture pastorale, c'est de la profondeur, de l'épaisseur qu'il lui faut. Pas de culture superficielle, pas de travaux insignifiants, incomplets qui semblent être faits seulement pour recouvrir les semences ; le défoncement s'impose ; on doit préparer le logis pour les grandes individualités du règne vétal, pousser aux produits, ne pas laisser de places inocupées, tirer trois ou quatre fois plus de récoltes qu'on en retire d'un champ ordinaire, forcer la boisson des végétaux plantés et augmenter du même coup la somme de vivres que les eaux d'arrosage emportent vers les racines et de là dans les tiges, les feuilles et le reste.

Ce n'est point par petites gouttes, à la façon des bergeronnettes, que nos plantes boivent, surtout l'été ; elles demandent de pleins arrosoirs d'eau et de pleines brouettes d'engrais. Rien ne saurait manquer au service ; nous faisons de la culture intensive, nous faisons du jardinage, du travail à bras d'hommes et à bêche. Et comment le fer entrerait-il à toute profondeur, si la terre n'avait pas été défoncée.

La petite culture exige donc partout le défoncement et je m'empresse d'ajouter que, dans bien des cas, la grande y trouverait son compte aussi. La terre défoncée ne souffre ni des pluies excessives, ni des sécheresses exceptionnelles ; elle livre un facile passage aux eaux pluviales qui s'en vont dans les bassins souterrains ; elle supporte aisément les chaleurs intenses de l'été, parce que les eaux souterraines s'élèvent facilement et sans cesse par l'effet de la capillarité vers la surface desséchée et lui rendent l'humidité dont la végétation a besoin. Dans une terre défoncée, le renouvellement de l'air se fait convenablement, les racines des plantes ont de l'espace pour se mouvoir à leur aise.

La vigne, comme toutes les autres plantes, prospère d'autant mieux dans un sol qui a été profondément défoncé, surtout si le sous-sol est argileux, un tant soit peu imperméable.

Je connais des vignobles aux environs de Constantine, non loin d'Aïn-Kerma et aussi dans l'arrondissement de Bougie, qui n'ont été établis qu'après un défoncement à 70 centimètres et des labours préparatoires donnés à cinq ou six reprises successives, pendant le courant de l'année ayant précédé la plantation.

Mais aussi quelle végétation, quelle réussite ! Les manquants, sur des étendues relativement considérables, ont été pour ainsi dire nuls. Des plants de carignan, de grenache, de mourvèdre âgés de quatre ans, paraissent par leur force, leur vigueur, en avoir dix, ils ont donné du raisin en quantité relativement considérable à leur troisième feuille.

Vous avez certainement entendu parler de ce système particulier, autour duquel on fait pas mal de bruit, et, vous savez sans doute, que c'est à la vigne qu'il est question de l'appliquer.

A notre époque et au moment où les résultats avantageux en agriculture ne paraissent possibles qu'au moyen de fumures copieuses, de façons multiples, ce système consistant à ne donner aucun labour, aucune fumure à la vigne, pour en obtenir cependant un rendement rémunérateur, paraît de prime abord absolument fantaisiste. Il est cependant appliqué en France, dans certains vignobles, et défendu avec beaucoup de talent et d'énergie par des viticulteurs d'une grande notoriété.

Ce n'est pas la première fois d'ailleurs que la méthode d'inculture est préconisée, dans certains cas, pour la vigne ; tant il est vrai qu'il n'y a rien de nouveau sous le soleil.

Depuis longtemps déjà, en remarquant que les treilles ne recevant aucun labour, aucune fumure, poussaient aussi bien et donnaient autant de fruits que les souches basses fumées et piochées, quelques vignerons avaient pris le parti, non seulement de ne plus piocher leurs vignes, mais encore de damer le sol autour de façon à le rendre aussi compact, aussi dure que celui d'une aire.

Un peu plus tard, les fumures abondantes et les façons multipliées n'ayant pas donné les résultats qu'on en attendait, dans la lutte contre le phylloxéra, on laissa les vignes basses se développer en treille sans leur donner aucun soin, parce que l'on avait reconnu que celles-ci étaient beaucoup plus résistantes.

L'observation était exacte et nous avons pu voir dans la province d'Oran, aussi bien que dans celle de Constantine, des vignes indigènes très âgées, couvrant des cours, montant au faîte de frênes, d'ormeaux, être encore vigoureuses chargées de fruits, à côté de souches basses mortes ou dépérissantes sous l'action néfaste du phylloxera.

Ces remarques expliquaient donc bien les raisons qui avaient entraîné, autrefois, un certain nombre de vignerons à mettre en pratique le système d'inculture ; ces vignerons eurent cependant peu d'imitateurs, et, soit qu'ils n'aient pas voulu continuer leurs expériences en présence du petit nombre de partisans qu'ils avaient rencontrés, soit que ces expériences aient donné de mauvais résultats, la méthode recommandée est tombée dans l'oubli.

La question vient d'être reprise à nouveau par Mme la duchesse de Fitz-James et M. Honoré Schlafer ; tous deux pratiquent depuis quelques années déjà l'inculture sur environ 70 hectares de vignes américaines et l'expérience leur a démontré que le meilleur moyen de ne pas avoir de déboires en viticulture consiste à cultiver la vigne sous forme de treille.

Il ne faudrait pas en conclure que l'inculture extensive soit recommandée par eux d'une façon absolue, exclusive dans tous les vignobles ; ce serait une erreur ; ces viticulteurs distingués conseillent au contraire la culture intensive partout où le revenu brut est supérieur à 1,000 francs ; l'inculture extensive partout où ce même revenu est inférieur à 300 francs et enfin un système mixte de culture dispensant et graduant la fumure en proportion du rendement possible à obtenir et du mode d'expropriation adopté.

La mise en pratique du système d'inculture est on ne peut plus simple. La vigne une fois plantée, on se borne pour toute culture à enlever à la main l'herbe qui peut pousser au-dessus, en choisissant un de ces temps pluvieux par lesquels l'herbe s'arrache avec facilité ; après cette extirpation complète répétée deux ou trois fois, il ne vient que peu d'herbe sur la terre ainsi nettoyée ; d'autre part avant que le sol ne soit durci, il est indispensable de donner un coup de rateau pour empêcher le sol de croûter et pour permettre aux gaz atmosphériques de pénétrer jusqu'à l'enracinement de la vigne, sans avoir rien perdu des éléments qui les constituent. Sa feuille quand elle est faite doit toujours être très longue, très généreuse, la puissance du système foliacé encourageant l'activité des racines.

En outre des résultats obtenus chez eux, les partisans de l'inculture ne manquent pas de citer de nombreux exemples pour démontrer l'excellence du système qu'ils emploient ; ils citent entre autres la vigne arborescente italienne qui avec ces 1500 souches à l'hectare donne un rendement supérieur à la vigne française cultivée à raison de 2500, 3000 et même 6000 pieds à l'hectare ; s'ils avaient connu la puissance de végétation de nos vignes kabyles, ils n'auraient certainement pas manqué de la donner en exemple, ils rappellent surtout la fameuse vigne de la mission à Santa-Barbara en Californie qui, entourée d'un pavage rendant tout ameublissement du sol impossible, recouvre par ses branches un espace de 10,000 pieds carrés et fournit une récolte de 10 à 12,000 livres soit environ 48 hectolitres de vin ; leur conclusion vous la devinez, n'est-ce pas, c'est que la grande arborescence est en elle-même une force considérable, et que dans certaines conditions de sol, de climat et de cépages, elle peut, avec une culture réduite, presque jusqu'à l'absence, donner d'aussi bons résultats que de nombreuses souches basses cultivées à grands frais.

Et maintenant, amis lecteurs, que vous connaissez, tout au moins dans ses grandes lignes, le système d'inculture, laissez-moi conclure à mon tour ; je ne vous conseillerai pas de le mettre en pratique, de vous abstenir désormais de donner à vos fumures toutes les façons culturales dont elles ont besoin, mais je me permettrai de vous engager à les moins mutiler par la taille exagérément courte que beaucoup parmi vous leur faites subir et appliquez trop indistinctement à tous vos cépages ; la taille courte, n'est pas une taille ; c'est une mutilation suivant l'expression de notre maître à tous, en viticulture, le Dr Guyot ; elle empêche le développement du racinage, et si la vigne y répond par la fertilité, ce n'est que dans des conditions exceptionnelles de terrain, de climat, de cépage et de culture.

PLANTATION DE LA VIGNE

LE POURRIDIÉ

Quand nous sommes sur le point de construire une maison, ce qui nous préoccupe tout d'abord et avec juste raison, c'est la nature du sol sur lequel doivent être placées les fondations. Nous nous assurons avec soin que ce sol est solide, ne repose pas sur du sable ou sur une couche argileuse, véritable terre à briques dans laquelle notre construction risquerait de s'enfoncer, où avec laquelle elle pourrait glisser un jour, malgré tous les murs de soutènement.

Nous jugeons autrement lorsque nous voulons planter ; il nous semble que quelle que soit la nature du terrain à notre disposition, tous les arbres que nous lui confierons, toutes les semences que nous y sèmerons devront forcément s'y développer à souhait.

C'est de la terre et elle doit à notre convenance nous donner tous les résultats que nous en attendons.

Aucun raisonnement n'est plus faux, plus désastreux et nous ne devons nous en prendre qu'à nous des mécomptes que nous éprouvons dans ces conditions.

Le sol, le sous-sol, en effet, servent non seulement de base, de fondation aux plantes que nous leur confions, mais ils constituent encore les réservoirs dans lesquels elles viendront puiser la nourriture dont elles ont besoin pour croître et vivre.

Le cultivateur qui ne s'assure pas de leur nature, de leur composition est donc tout aussi imprudent que le serait un propriétaire bâtissant sur un terrain mouvant ou glissant.

Tel sol favorable aux essences de bois tendres, tels que peuplier, saule, ne permettra qu'un médiocre développement aux divers pins, au châtaignier, au bouleau ; tel terrain bien ameubli donnera de grands rendements en céréales, alors que les cultures de la vigne, des arbres fruitiers, après une végétation splendide au début, finiront par y languir et même y dépérir.

Les premiers colons qui ont planté de la vigne, dans notre département, sous l'impulsion d'un enthousiasme peut-être trop exclusif n'ont pas tenu compte de ces véritables lois applicables aux sols que la science agronomique a si bien établies ces dernières années et que la pratique confirme tous les jours.

La vigne devait croître partout ; partout elle devait rapporter au moins 50 % du capital engagé ; elle a bien pris racines partout ou à peu près partout, mais si le chiffre de 50 % est loin de constituer le rendement moyen net, aujourd'hui obtenu, il est encore bien plus certain que, sur de nombreux sols, il ne l'atteindra jamais.

Je suis entraîné à ces réflexions qui vont peut-être paraître pessimistes et froisser les partisans exclusifs et à outrance de la culture de la vigne, par les quelques cas de dépérissement qui m'ont été montrés tout récemment par un de mes voisins dans son vignoble installé en pleine terre argileuse.

La végétation, qui y était extraordinaire les premières années, a commencé à y languir ce printemps sur certains points où le sous-sol compact, imperméable, a conservé et conserve encore l'humidité que nous a donnée le dernier hiver si pluvieux.

Ces dépérissements ont une apparence inquiétante ; les ceps qui en sont atteints ressemblent à s'y tromper, à ceux envahis par le phylloxera. Ajoutez, à la crainte qu'inspire cette physionomie peu rassurante, celle entraînée par leur groupement en nombre plus ou moins grand, de façon à former une véritable tâche au milieu du vignoble.

Les feuilles sont petites, très divisées, encore vertes sur certains ceps, complétement jaunes et presque sèche sur d'autres ; les rameaux n'ont pas poussé, sont demeurés maigres, chétifs, rabougris ; ils ont pris une coloration jaunâtre et les quelques grappes avant floraison qu'ils portent sont déjà desséchées et prêtes à tomber. Les souches les plus malades s'arrachent sans grand effort de traction. Les racines sont spongieuses, noirâtres ou d'un brun jaunâtre clair ; quelques-unes sont complétement décomposées et exhalent une odeur de moisi caractéristique ; la souche rasée au collet laisse suinter sur la section une matière noire, épaisse, ressemblant à de la gomme.

Cette maladie est bien celle que les spécialistes appellent le pourridié, due à la présence d'un excès d'humidité, d'une eau stagnante que la couche imperméable du sous-sol ne peut laisser s'infiltrer.

Il y a là comme une sorte de moisissure, de décomposition produite par cet excès d'humidité retenue dans la couche argileuse que des labours tardifs, par suite de pluies persistantes, n'ont pu suffisamment ameublir.

Un sol argilo-sicilieux ou argilo-calcaire, à prédominance de carbonate de chaux n'eût pas présenté ces inconvénients.

Le pourridié n'est pas une maladie spéciale à la vigne ; on l'a retrouvé, on le retrouve tous les jours sur les racines de divers arbres fruitiers et forestiers ; il se caractérise alors par une sorte de masse amorphe, blanche, que les jardiniers appellent le *blanc*. Ce blanc n'est autre qu'un champignon se dévelopant sur les racines du végétal pendant sa vie et même quelque temps après sa mort ; c'est également ment lui qui, sous le nom de *dematophora necatrix* attaque le plus fréquemment la vigne et peut, à la longue, la faire disparaître complétement. On cite dans la Haute-Marne des vignobles entiers qui auraient été détruits par le pourridié. Ces mêmes faits ont été observés dans les palus de la Gironde, le Roussillon.

Quels sont les moyens à employer pour faire disparaître cette maladie ? On peut affirmer qu'on n'en connaît pas à ce jour de vraiment curatifs. Des badigeonnages pendant l'hiver, avec une solution de sulfate de fer à la dose de 25 % n'ont pas empêché le champignon de se reproduire.

Le traitement doit être surtout préventif, en ce

sens qu'il faut empêcher la propagation du champignon en faisant disparaître l'humidité au moyen de drainages, partout où la couche argileuse forme des cuvettes imperméables. Il est, en outre, indispensable de pratiquer l'arrachage des souches fortement atteintes et avant qu'elles soient complétement mortes, car à ce moment les fructifications du champignon qui se formeront seraient une source d'invasion pour les pieds voisins.

Les taches, après l'arrachage des ceps qui les forment, devront être limitées par un fossé profond et assez large dont la terre sera rejetée au centre de la parcelle envahie.

Quelques vignerons ont obtenu, à la période de début du mal, de bons résultats, dit-on, en déchaussant les souches à une certaine profondeur de façon à placer les racines sous l'influence des rayons solaires, et à permettre l'évaporation de l'humidité contenue dans le sous-sol ; une légère couche de terre meuble, prise à la surface, modère l'action desséchante du soleil.

Le mal étant ainsi enrayé on ne devra pas replanter de quelque temps, au moins d'un an, la partie de vigne arrachée.

Mieux vaudrait à mon avis ne plus replanter du tout et utiliser les parcelles détruites appropriées à la nature du sol. Les dépenses seraient moins grandes et le revenu plus certain.

PLANTATION

DES

BOUTURES DE VIGNE

Un de nos lecteurs nous écrit pour nous dire qu'il vient d'entendre développer une théorie nouvelle pour lui et qui bouleverse tous ses principes de plantation de vigne. Et il nous fait l'honneur de nous demander s'il peut faire l'essai de la méthode qu'il croit nouvelle, sans aucun danger pour l'avenir de la plantation qu'il désire faire.

Voici en peu de mots ce dont il s'agit :

Il a toujours pensé agir sagement en plantant profondément ses boutures ; c'est ainsi que pratiquaient au pays, il y a quelques trente ans, ses parents, ses amis ; il a toujours planté de cette façon, il n'a jamais vu planter autrement.

Cependant, aujourd'hui, voilà qu'il a lu, qu'il a entendu affirmer par divers vignerons, ses voisins, que la plantation profonde était une mauvaise pratique, que dans beaucoup de circonstances les boutures enfoncées à une grande profondeur prenaient difficilement racines, se mettaient plus tardivement à fruit, dépérissaient souvent, au bout de trois ou quatre ans, sous l'influence d'une sorte de pourriture de la partie inférieure de la souche.

J'en suis bien fâché, pour mon honorable interlocuteur, mais ce qu'il a lu est exact et les vignerons, ses voisins, sont dans le vrai ; la méthode qu'ils ont adoptée est la rationnelle et celle qu'il a suivie jusqu'à ce jour, d'après une sorte de tradition et qu'il serait presque décidé à suivre encore, est la défectueuse.

Je connais à peu près toutes les raisons qu'il me présentera en faveur de la plantation profonde ; ils sont nombreux, du reste, les partisans de cette pratique. En enfonçant votre bouture, même à un mètre, disent les uns, elle vous fournira un bien plus grand nombre de racines, et par suite, la souche recevant une nourriture plus abondante sera bien plus vigoureuse ; d'autres voient dans la profondeur à laquelle est enterré le sarment, le seul moyen d'obtenir la fraîcheur, l'humidité nécessaires à cette même souche ; de cette façon, affirment-ils, les racines sont à l'abri des rayons desséchants du soleil.

D'autres raisons sont encore mises en avant à l'appui de cette méthode ; il en est de bien singulières ; — je ne vous les indiquerai pas, et préfère vous exposer immédiatement le résultat d'une expérience personnelle,

En 1889, voulant être absolument fixé sur la valeur de ces diverses opinions, je fis pour mon instruction l'expérience suivante :

J'établissais à ce moment une petite plantation qui devait me servir à comparer entre eux certains cépages sous le rapport de leur précocité, de leur rusticité, de leur production.

Parmi eux, les uns à fruit noir, les autres à fruit blanc, se trouvaient des Aïn-Kelb, des Mourvèdres, des Cabernets, des Alicantes, des Syrrha, des Carignans, des Côts, des Clairettes.

Des sarments de ces cépages, tous écorcés, les uns furent plantés à 70, 60 et 50 centimètres, les autres à 40, 35 et 30 centimètres de profondeur. Des Aïn-Kelb furent enfoncés jusqu'à un mètre.

Au mois de mai, je constatais que sur 12 Aïn-Kelb, 7 seulement avaient pris racines ; sur tous les sarments des divers autres cépages plantés profondément, la réussite avait été également moins élevée que sur ceux enfoncés seulement à 35 et 40 centimètres.

Le terrain, siège de la plantation, avait été uniformément travaillé et fumé ; il est partout argilo-siliceux, à prédominance siliceuse.

Depuis cette époque, je ne me suis pas aperçu que les souches provenant de sarments plantés profondément soient devenues plus vigoureuses, plus productives que celles de Cabernets, de Mourvèdres, de Clairettes, qui, plantées seulement à 30 centimètres, présentent aujourd'hui une végétation remarquable.

Cette expérience bien simple, que chaque vigneron peut tenter sur un petit espace non loin de sa maison, a été concluante pour moi. Elle avait été faite, du reste, depuis longtemps par des viticulteurs d'un grand savoir qui avaient ainsi démontré que la méthode de la plantation profonde n'est qu'une erreur perpétuée par la routine. Mon correspondant me pardonnera cette expression ; je n'en trouve pas de plus exacte.

On sait, en effet, à n'en plus douter aujourd'hui, que les meilleures racines de la vigne, celles qui fonctionnent régulièrement, énergiquement sont celles qui partent de la tige à 15 ou 20 centimètres sous terre ; qu'à ces points seulement elles sont heureusement stimulées par la température extérieure, tandis que leurs extrémités divergentes vont rechercher partout la chaleur et l'humidité.

Si le vigneron, à mesure qu'il remplit la fosse dans laquelle est fixée la souche, détruisait chaque année les colliers de racines qui se forment au-dessus des racines profondes et primitives, il verrait bientôt périr sa vigne et constaterait ainsi l'impuissance et la faiblesse des racines venues sur le sous-sol.

D'autre part, lorsqu'on arrache à sa deuxième année une bouture qui a été plantée profondément, on remarque qu'elle est couverte sur une partie de sa longueur de touffes de racines disposées sur chaque nœud, mais peu développées ; dans les parties les plus basses, le sarment reste sans vitalité apparente et finit le plus souvent par périr et se décomposer rapidement.

Toutes ces raisons ne convaincront peut-être pas mon correspondant et bien d'autres vignerons ; elles sont cependant basées sur des expériences souvent répétées dont la conclusion a toujours été, qu'en règle générale, il ne faut pas enfoncer sa bouture à une profondeur dépassant 30 centimètres ; tout au plus pourra-t-on arriver à 40 centimètres dans des terres sèches.

Cette croyance qu'une bouture a d'autant plus de chances de reprise et de belle venue qu'elle a été profondément enfoncée, concorde généralement avec celle qui consiste à planter très à bonne heure, fin décembre, commencement janvier. Et cependant elle n'est pas plus juste que la première.

On pense que, par une plantation hâtive, on gagnera du temps, on avancera l'époque, à laquelle la bouture entrera en végétation.

Comme si cette végétation pouvait se produire sous d'autres influences que celles qui sont le résultat des conditions climatériques.

La bouture confiée à la terre avant l'époque de sève et de chaleur continues s'y comporte absolument comme une substance organisée où la vie est momentanément suspendue ; elle peut y dessécher ou y pourrir, souffrant également des alternatives de froid et de chaud, d'humidité et de sécheresse qui n'ont aucun effet pour une végétation impossible.

Il faut à la bouture, pour bien réussir, un temps chaud continu.

La plantation d'essai, dont j'ai parlé au début de cette causerie, par suite de circonstances particulières ne pût être terminée que le 10 mars; elle est aussi vigoureuse que sa voisine, achevée le 20 février.

Je ne veux point dire, en citant ce fait, qu'il faudra toujours et dans toutes les régions, attendre cette première date pour procéder à la plantation ; il appartient au vigneron de faire la part des conditions climatériques si variées qui régissent notre province pour choisir l'époque qui lui paraîtra la plus favorable pour planter; mais, en règle générale, la plantation un peu tardive donne de meilleurs résultats que celle faite très à bonne heure; et, dans les Hauts-Plateaux, dans les terres fortes, surtout quand l'hiver est pluvieux et froid, planter avant le 15 février est une mauvaise opération.

TAILLE HATIVE, TAILLE TARDIVE

Nous voici au 15 février, le froid pique dur, j'arrive d'une exercursion aux environs de Constantine et de Sétif et j'y ai remarqué, à mon grand étonnement, que déjà bon nombre de vignobles y avaient été taillés définitivement.

Un vigneron de mes amis, chez lequel je m'étais arrêté et auquel je faisais remarquer combien me paraissait mauvaise cette opération hâtive de la taille qu'il avait également pratiquée dans son vignoble, est loin de partager mon avis.

« Expérience passe science, me disait-il ; ce vieux proverbe sera toujours vrai ; nous avons l'habitude de tailler à bonne heure nos vignes et nous continuerons, malgré les avis de tous nos savants. Notre méthode nous permet de travailler plus commodément nos vignobles ; nous ne sommes pas obligés de perdre un temps précieux à faire relever et attacher les sarments trainant à terre pour pouvoir faire passer la charrue ; enfin, à cette saison, la main-d'œuvre est d'un prix moins élevé qu'à la fin de l'hiver et notre bourse n'est pas aujourd'hui si bien garnie que nous puissions être dédaigneux de tous les moyens économiques à notre disposition. D'ailleurs, nos vignes ne paraissent pas se ressentir de cette méthode que vous qualifiez de défectueuse. »

Expérience par science, lui répondais-je ; voilà

qui n'est pas absolument démontré et, à mon avis, il serait plus juste de dire que, par moments, l'expérience rend de bons services à la science.

J'ai un grand respect pour les connaissances du cultivateur ; mais, cultivateur moi aussi, je ne partage pas l'avis de ceux qui, à tous les conseils qui peuvent leur être donnés, vous répondent qu'ils ont la pratique pour eux et qu'ils n'ont rien à apprendre de la théorie. Il me semble que c'est pousser trop loin l'exclusivisme et se condamner à une inaction dangereuse et pour soi-même et pour le pays.

Non pas que je veuille dire que toutes les théories nouvelles en matière agricole doivent être acceptées sans réserve par ceux qui, en les appliquant, courent le risque d'y perdre leur temps et leur argent; il y aurait là un danger presque aussi grand que celui de ne pas raisonner ses opérations et de les perfectionner sans les avoir raisonnées.

Mais il est cependant certaines méthodes nouvelles enseignées par la théorie qui ont déjà donné d'excellents résultats et qu'il n'est pas sage de repousser constamment, presque de parti pris.

J'ai entendu, il y quelques années, dans l'Est du Département, des colons originaires de l'Est de la France, chaque fois qu'on les engageait à soufrer leurs vignes atteintes par l'oïdium, répondre énergiquement qu'ils ne suivraient jamais ce conseil, qu'on voulait leur faire périr leurs vignobles par ce moyen.

Ils ont bien été obligés, cependant, de recourir plus tard à cette pratique si facile et si précieuse en voyant les vignes traitées dans les communes voisines échapper à la maladie et se couvrir chaque année de belles et riches vendanges.

Mais ils avaient perdu un temps précieux, un revenu relativement élevé, et leurs vignes, devenues faibles sous les attaques successives du champignon, furent longtemps à se remettre malgré de nombreuses fumures.

Demandez à certains vignerons de la plaine de la Seybouse, des environs de Guelma et de Bône s'ils ne vont pas se hâter, l'an prochain, le moment venu, de traiter préventivement leurs vignes contre le mildew ; peu confiants cette année dans l'efficacité de ce traitement, ils l'ont négligé alors que leurs voisins l'employaient utilement ; la leçon n'aura pas été perdue, car leurs récoltes ont été malheureusement très réduites.

Il en sera de même pour la taille tardive ; vous la repoussez maintenant parce qu'elle n'est pas d'accord avec votre pratique habituelle ; vous l'adopterez plus tard en regrettant votre entêtement.

En taillant aujourd'hui, vous opérez sur des sarments encore cassants, mal aoûtés, c'est-à-dire non lignifiés ; la section produite n'est jamais nette, et sous l'influence de la gelée, sur les Hauts-Plateaux, d'une humidité prolongée et presque constante sur le littoral, les tissus fraîchement coupés risquent de s'altérer.

Cette année surtout, soit dans les vignobles qui ont eu à souffrir des invasions de sauterelles, soit dans ceux où les apparitions de mildew n'ont pas été combattues avec énergie, bien des sarments se présentent encore incomplètement aoûtés ; ce n'est qu'à leur base qu'on trouvera le plus souvent le bois bien igneux ; vos souches, dans ces conditions, si vous es taillez hâtivement, resteront souffreteuses.

Les vignerons de la Bourgogne, instruits par cette pratique dont vous ne voulez seulement pas entendre parler, ne taillent que quelques jours avant le renflement du bourgeon, c'est-à-dire, du 15 au 25 avril ; vous admettez bien avec moi qu'ils possèdent, en viticulture, une certaine compétence ; suivez donc l'exemple qu'ils vous donnent, au moins pour notre région de Constantine, des Hauts-Plateaux. Nos concitoyens du littoral, favorisés d'un climat plus doux, d'une température plus chaude, pourront tailler sans crainte dans le mois de janvier.

« L'inconvénient résultant de la difficulté des labours dans un vignoble non taillé est facile à faire disparaître. — Faites subir à vos vignes une taille préparatoire, consistant à supprimer complétement les sarments qui ne doivent pas servir à porter les rameaux fructifères et à tailler provisoirement les autres à une longueur de 0^{m}30 centimètres, pour les rabattre seulement à la longueur voulue, quand presque tous les dangers de gelées auront disparu ; cette opération pratiquée dans la grande majorité des régions de l'Hérault, permet de faire circuler la charrue dans tous les sens au travers des vignes. »

Voilà ce que je disais à mon ami le vigneron si rebelle à toute modification amélioratrice, à ses pratiques habituelles ; je crois l'avoir laissé à moitié convaincu qu'*expérience ne passe pas toujours science;* mais que théorie et pratique doivent marcher la main dans la main, ne pouvant se séparer l'une de l'autre ; il m'a promis, comme essai comparatif, de pratiquer la taille tardive sur quelques ares de son vignoble, et dans ces conditions, je suis persuadé que l'an prochain, il sera l'un des plus fermes partisans de cette méthode.

OÏDIUM DE LA VIGNE

Je vous ai entretenu, dans une de mes dernières causeries, du pourridié et des traitements préventifs divers qu'il est indispensable de lui opposer; aujourd'hui, je veux vous dire quelques mots sur une autre maladie de la vigne, l'oïdium, que vous connaissez tous, mais que beaucoup, malheureusement, négligent de traiter suffisamment.

Ses effets fàcheux ne sont cependant plus à discuter; on a pu se convaincre que ce champignon, car l'oïdium comme le pourridié est également une sorte de moississure microscopique, on a pu se convaincre, dis-je, que ce champignon détermine toujours, dans les vignobles atteints, une diminution au moins de moitié dans les vendanges et que la partie récoltée ne donne le plus souvent que de petites quantités de vin de mauvais goût et inferieurs, tout au plus bons pour la chaudière. On sait encore que les vignes attaquées par l'oïdium sont affaiblies au début de la végétation suivante, et que, si les efforts du parasite se continuent pendant plusieurs années, ils peuvent produire le dépérissement et souvent même la mort des ceps atteints. Ces vignes s'aoûtent, c'est-à-dire prennent leur bois d'août, toujours très mal et sont, par suite, moins résistantes aux intempéries de l'hiver et de l'été.

Les germes de l'oïdium, répandus dans tous les vignobles, commencent ordinairement vers la fin avril, sur le littoral, un peu plus tard sur les Hauts-Plateaux, à sortir de leur état latent, pour végéter plus ou moins activement selon l'élévation ou l'abaissement de la température.

Ce champignon, véritable Protée insaisissable, originaire d'Amérique comme le peronospora et le phylloxéra, se développe avec rapidité par les temps humides et chauds ; les fortes pluies, en lavant les organes de la vigne paralysent sa production. Plus une terre est chaude et humide en même temps, plus est atteint le vignoble qui y est planté.

J'ai pu remarquer, à plusieurs reprises, sur le littoral, que des ceps placés à l'ombre d'arbres étaient beaucoup plus attaqués par l'oïdium que d'autres non abrités ; la quantité d'humidité produite par ce seul ombrage avait suffi pour déterminer un développement plus considérable des moisissures sur ces pieds de vigne ainsi protégés des rayons du soleil.

Lorsque la température s'élève à 38° et que cette température est en même temps sèche, la végétation du champignon est sensiblement ralentie ; au-dessus de 40° et par un vent du sud, cette végétation paraît même devoir être complétement arrêtée.

Cette assertion semblerait devoir être prouvée par le fait souvent constaté, de la disparition subite de la maladie, après un violent siroco, dans certains vignobles des hauts-plateaux, placés dans des sols peu profonds, tuffeux, secs, et sans que les propriétaires aient fait le moindre traitement.

Quoiqu'il en soit, si vous apercevez sur les parties vertes de la vigne, à peine apparues, vers la fin avril ou au commencement de mai, une sorte d'efflorescence grisâtre, terne, peu épaisse, formant une sorte de lacis, ayant une odeur caractéristique de poisson pourri, vous pouvez être certain que l'oïdium existe dans votre vignoble ; hâtez-vous alors de donner un soufrage général ; le moindre retard serait préjudiciable à vos intérêts.

Si pour des raisons de mauvaise économie ou par négligence, vous vous abstenez, la maladie progressant rapidement ne tarderait pas à envahir tout votre vignoble et voici les fâcheuses altérations que vous constateriez :

Sur les rameaux dont les tissus sont encore tendres et gorgés de sucs nutritifs, les tâches blanchâtres, à peine visibles au début, vont augmenter, se réunir, et par leur réunion enlacer ces rameaux d'un feutrage épais qui deviendra gris. Sous ce feutrage, vous pourrez découvrir, par un examen un peu attentif, des points d'un jaune livide qui, passant au brun plus ou moins foncé, donneront aux jeunes rameaux un aspect noirâtre, de bois carbonisé. Ces nouveaux sarments resteront courts; le cep paraîtra rabougri et si le vignoble tout entier est fortement envahi, il s'offrira à la vue comme si un rapide incendie, le traversant, l'avait enfumé.

Sur les feuilles, l'odïum se présentera sur les deux faces, mais surtout bien visibles à la supérieure, sous forme d'une poussière blanchâtre, passant vite au gris sombre, donnant à la feuille une coloration brune plus ou moins foncée. La substance de cette feuille deviendra coriace, cassante et la feuille elle-même se recoquevillant, ne croissant plus finira par sécher et tomber; cette dernière conséquence se produit surtout sur les feuilles encore très tendres.

Sur les fruits, les jeunes grains entièrement recouverts par une poussière très abondante, blanche, grasse au toucher, à odeur de moisi très accusée, ne tarderont pas à se vider, seront arrêtés dans leur développement et la pellicule qui les recouvre deviendra très épaisse. Sur les points de cette pellicule non atteinte par le champignon, l'accroissement du volume du fruit continuant à se produire, alors qu'il est complétement arrêté sur les parties attaquées, il arrivera un moment où le grain s'ouvrant éclatera sur les premiers points. Cet éclatement pourra se produire sur deux, trois et quatre parties du grain; il sera parfois si profond que vous apercevrez les graines mises à nu.

Toutes ces altérations, vous pourrez les remarquer jusqu'à la véraison, c'est-à-dire jusqu'au moment où le grain va prendre couleur; cette époque passée, on le voit rarement être atteint par le champignon, et, si le fait se produit, le raisin résiste assez heureusement pour arriver à la maturité.

Dans notre région, les cépages qui m'ont semblé les plus facilement attaqués par l'oïdium sont les muscats, les chasselas, les clairette, les picquepoul, les terrets, les cinsauts et surtout les carignans. Les aramons, les alicante ou grenache, les pinots, les morrastels et les mourvèdres en sont peu atteints ou beaucoup moins.

Je vous ai fait connaître, d'une façon bien résumée, les conditions de développement de l'oïdium, ses effets sur la vigne et les caractères principaux qui permettent de le distinguer.

Nous nous entretiendrons plus longuement du traitement à lui opposer au moyen du soufre, c'est-à-dire des soufrages.

Le sujet est assez important pour y consacrer une causerie tout entière.

SOUFRAGE DES VIGNES

Pour bien des viticulteurs, le soufre doit être employé préventivement, afin d'empêcher l'apparition de l'oïdium ; il y a, dans cette croyance, une erreur, peu importante, il est vrai, mais qui n'en existe pas moins. En fait, les soufrages donnés à bonne heure, même avant qu'on ait aperçu les premières traces du parasite, ont une action efficace sur l'ensemble de la végétation qu'ils activent. Il faut donc les pratiquer le plus tôt possible, aussitôt que les jeunes pousses auront atteint une dizaine de centimètres; les organes de fructification ne s'en développeront que mieux et on détruira en même temps d'autres parasites et pas mal de jeunes larves d'erineum, toujours funeste à la vigne. C'est surtout dans les plaines humides, dans les vignobles où domine le carignan, si sujet à toutes les maladies cryptogamiques, que ces premiers soufrages devront être donnés à bonne heure.

Lorsque la température a atteint un degré élevé, plus favorable au développement du parasite et alors que la floraison se produit, il faut, sans retarder, donner un deuxième soufrage qui viendra détruire les germes ayant pu se déposer sur les fleurs venant d'être fécondées. Ce soufrage est, de tous, le plus important.

J'ai souvent entendu certains vignerons soutenir, en haussant les épaules à l'adresse de ceux qu'ils appellent les théoriciens, que le soufrage, au moment de la floraison, avait pour résultat de l'arrêter. Et quand je leur ai demandé s'ils en avaient fait eux-mêmes l'expérience, ils m'ont toujours répondu qu'ils s'en seraient bien gardés ; mais cette opinion devait être exacte, puisqu'elle était celle d'un tel, vigneron fameux, qui la tenait de son père, autre vigneron non moins remarquable.

Et voilà comment se perpétuent les erreurs.

Le soufrage, au moment de la floraison, est indispensable et les viticulteurs qui négligent de le donner auront toujours lieu de regretter leur indifférence.

Dans notre dernière causerie, je vous faisais remarquer que l'oïdium se développait avec le plus d'intensité entre la floraison et la véraison, c'est-à-dire au moment où le grain va prendre couleur ; c'est donc entre ces deux époques que la vigne devra être de nouveau soufrée, afin d'arrêter toute fructification du champignon, surtout si le vignoble se trouve placé dans un milieu tout à la fois chaud et humide, conditions qui se rencontrent malheureusement pour la plupart de nos vignes sur le littoral.

Il sera prudent, dans ces régions, d'intercaler autant de soufrages supplémentaires qu'il paraîtra nécessaire. Je connais des viticulteurs qui donnent jusqu'à cinq soufrages à leurs vignes ; ce n'est pas à eux qu'il faudrait venir dire, comme le prétendent certains colons, que le soufre arrête, empêche toute production de raisin.

Il faut toujours se garder de donner immédiatement, après le soufrage, des façons quelles qu'elles soient au vignoble. Il est bon, au contraire, d'attendre quelques jours pour permettre au soufre répandu sur le sol d'agir en se vaporisant.

Quel est le meilleur moment pour procéder au soufrage ? En règle générale, on peut soufrer à n'importe quelle heure, si le vent n'est pas trop violent, s'il ne pleut pas, s'il ne fait pas de siroco. Chez nous, je suis d'avis qu'il est préférable de soufrer dans l'après-midi, alors que les rayons du soleil sont moins brillants ; on risque, de cette façon, beaucoup moins de grillage. Une bonne précaution est de ne pénétrer dans les vignes que deux ou trois jours après l'opération ; on évite ainsi la chute du soufre répandu sur les divers organes de la plante.

Comment agit le soufre sur l'oïdium ? Son efficacité est bien connue de tous, mais les avis sont encore bien partagés sur la question de savoir d'où procède cette action curative. Je ne vous ferai pas connaître toutes les discussions qui ont eu lieu à ce sujet, ce serait beaucoup trop long et sans beaucoup d'intérêt. Mais, le point sur lequel tout le monde est d'accord, c'est que la poudre de soufre est d'autant plus efficace qu'elle est plus fine, plus divisée, plus impalpable.

Cette opinion est non seulement sanctionnée par la pratique, mais elle est en outre absolument rationnelle ; il est certain que plus une poudre est fine, plus elle adhère aux feuilles sur lesquelles elle est projetée, moins elle court le risque d'être emportée par le vent ; elle offre également plus de surface aux agents atmosphériques qui la volatilisent ou se combinent avec elle pour agir sur le cryptogamme.

C'est pour ces raisons que l'emploi du soufre sublimé est de beaucoup préférable, quoique d'un prix plus élevé, à celui du soufre trituré.

Je ne vous étonnerai pas en vous confiant que les soufres en général sont souvent fraudés par des mélanges de matières étrangères ; on les colore quelquefois, surtout les triturés, pour les rendre plus jaunes, au moyen de l'ocre jaune. Tous, lorsqu'ils sont purs, brûlent sans donner de résidu ; si vous en plongez une petite quantité dans de l'eau et que vous la retiriez mouillée, vous pouvez être certain qu'elle contient des matières étrangères.

On emploie souvent contre l'oïdium un produit particulier appelé soufre d'Apt ; il contient sur 100 kilos 80 kil. de plâtre. Il doit être employé à doses deux fois plus élevées que le soufre pur. Il convient surtout pour les derniers soufrages, car avec lui on ne *craint* pas les risques du grillage ; mais le premier et le deuxième soufrage seront toujours faits avec du soufre pur.

Dans ces derniers temps, depuis 1885, autant que je puis m'en souvenir, on emploie beaucoup un soufre, dit précipité, qui se présente sous forme de poudre bien plus fine, bien plus impalpable que celle du soufre sublimé. Ce nouveau produit, préparé par la maison Schlœsing, contient également du sulfate de chaux et d'autres substances ayant une action efficace contre le développement de l'oïdium.

Je l'ai employé sur une petite surface l'an dernier, et son action m'a paru beaucoup plus énergique que celle du soufre sublimé. Ce qui est certain c'est qu'il coûte moins cher et que les doses à employer par hectare sont moindres d'un tiers ; mais l'emploi ne peut en être confié qu'à des ouvriers prudents.

On estime que ces doses, pour les soufres triturés, s'élèvent à 125 kilogr. pour trois soufrages ; 15
kilogr. pour celui donné en premier lieu ; 50 kilogr.
pour celui effectué au moment de la floraison, et 60
kilogr. pour le dernier, avant la véraison.

J'ai toujours employé le soufre sublimé aux doses
de 15 kilogr., 30 kilogr. et 40 kilogr., soit 85 kilogr.
pour les trois soufrages.

Le soufre précipité doit être utilisé aux doses de
10 kilogr. pour la première opération, 25 et 35 kilog.
pour la troisième. Je serais d'avis de le mélanger
par parties égales avec du plâtre blanc fin pour les
soufrages intermédiaires.

Je ne veux point vous décrire toutes les boîtes,
toutes les hottes, tous les soufflets à soufrer qui sont
employés ; je dois, cependant, vous dire que les
soufflets, en général, permettent de répandre le soufre
plus uniformément et plus économiquement que les
boîtes. Parmi ces soufflets, ceux de Gontier, La
Vergne, Malbec et surtout celui de Langlois, d'Alger,
me paraissent de beaucoup les préférables.

PERONOSPORA

I.

Saison neigeuse et pluvieuse, saison fromenteuse, affirmaient les anciens.

En attendant l'heureuse réalisation de ce proverbe, les pluies, la neige, la grêle, viennent à peine de cesser ; les chemins sont défoncés et les terres inabordables ; tous les travaux sont en retard et les vignerons qui n'ont pas eu la bonne précaution de donner à la vigne un premier labour à bonne heure auront fort à faire pour se débarrasser de l'herbe qui l'a envahie.

Ces temps couverts et pluvieux commençaient à devenir réellement inquiétants et s'ils avaient persisté, il était à craindre de voir les récoltes compromises dans les parties basses et humides, sur le littoral notamment.

Nous avons à prévoir dans ces mauvaises conditions climatériques une invasion de mildew, peut-être encore plus dangereuse pour nos vignes que celle de l'année précédente ; il sera donc prudent d'appliquer à bonne heure les traitements préventifs qui éloignent cette maladie, et c'est ce qui m'a décidé à vous en entretenir aujourd'hui.

Nous savons tous, maintenant, que c'est encore l'Amérique qui nous a fait le triste cadeau de cette dangereuse affection, redoutée presque à l'égal du phylloxéra par les viticulteurs avant qu'on eût trouvé le moyen de prévenir ses invasions. Ce sont les Américains qui lui ont donné le nom de mildew (prononcez mildiou), signifiant rosée de farine, alors que son nom scientifique peronospora est assez peu usité, probablement parce que chez nous, il paraît toujours plus élégant d'employer une expression étrangère à notre langue.

En Algérie, les invasions de peronospora furent constatées pour la première fois en 1881 ; elles déterminèrent, dans la plaine de la Mitidja surtout, de telles pertes, que beaucoup de colons, effrayés, furent sur le point d'abandonner la culture de leurs vignes. Le même fait s'est produit, du reste, l'an dernier dans les plaines placées le long de La Seybouse ; les vignobles qui y sont placés n'auraient donné que des vendanges insignifiantes, si la maladie n'avait été arrêtée dans sa marche par un fort vent de siroco.

Je me souviens qu'en 1884, la plupart des propriétaires des environs de Constantine furent amenés, sur de fausses indications, à croire que leurs vignes étaient peronosporées, alors qu'elles étaient seulement atteintes dans certains points par une maladie peu grave appelée : l'*Erineum*. Les caractères différentiels de ces deux maladies sont cependant bien tranchés. Dans l'Erineum, qui est produit par la piqûre d'un petit insecte microscopique, la feuille à sa face inférieure est bien tachetée de blanc, mais cette efflorescence blanchâtre se présente sous la forme d'un feutrage serré, très adhérent ; cette même face inférieure est légèrement gaufrée sous l'influence de la piqûre ; la supérieure reste toujours verte.

Lorsque les vignes sont envahies par le peronospora, l'efflorescence que l'on remarque à la face inférieure des feuilles ressemble à de la poussière de sucre finement pilé tombant au moindre frottement ; les taches blanches formées par cette poussière sont tantôt disséminées, tantôt confluentes. A la partie supérieure et exactement aux points correspondant aux taches de la face inférieure, on aperçoit des plaques d'un jaune roussâtre dont la coloration est d'autant plus accusée que la maladie est ancienne. Le vignoble lui-même tout entier ne tarde pas à prendre cette couleur rousse ; les feuilles tombent, se détachant de leur pédicule et laissent par suite les raisins exposés à l'action directe du soleil ; ces fruits se dessèchent ou restent acides, car ils ne reçoivent plus des feuilles altérées les substances qui se porteraient vers eux pour former les éléments divers qu'ils renferment à l'état normal, le sucre surtout.

On n'a comme conséquence que des vendanges non seulement réduites, mais ne donnant que des vins acides, peu colorés, très peu alcooliques.

La cause de ce mal réside dans un champignon microscopique appelé *peronospora infestans,* qui se développe surtout dans les endroits bas et humides et avec d'autant plus de facilité que la température est tout à la fois chaude et humide.

L'observation journalière en Algérie prouve d'une façon évidente combien ces conditions de chaleur et d'humidité sont indispensables pour le développement du champignon.

Certaines nuits, le thermomètre descend à 12 degrès au-dessus et la rosée est alors très abondante ; dans la journée la chaleur s'élève à 30° degré et au-dessus, mais l'humidité en eau précipitée a disparu et le peronospora ne peut plus se développer ne rencontrant plus qu'une des conditions favorables à sa vitalité. C'est assurément à ce manque d'humidité qu'il faut attribuer les cas moins fréquents de peronospora sur les Hauts-Plateaux que sur le littoral.

Ce petit champignon est doué d'une force de résistance telle qu'il se conserve d'une année à l'autre, répandu sur le sol, dans les plus mauvaises conditions, de chaleur et d'humidité. Une expérience consistant à faire manger des feuilles peronosporées à des moutons prouve que dans les déjections de ceux-ci on trouve le champignon parfaitement intact sous sa forme de spore d'hiver. De là, l'indication très précise de ramasser toutes les feuilles dans les vignes atteintes de peronospora et de les brûler soigneusement.

Voilà bien les caractères principaux du peronospora ; il me reste à vous indiquer les traitements préventifs qui lui sont efficacement opposés.

II.

Je dois tout d'abord vous prévenir que contrairement à l'opinion de certains vignerons, ces traitements ne sont jamais curatifs ; ils sont seulement et exclusivement préventifs. Vouloir par leur moyen faire disparaître la maladie alors qu'elle est bien déclarée, bien développée, ce serait essayer de vouloir cultiver fructueusement l'oranger sur le sommet du

Chettaba. Tous reposent sur ce principe absolu que toutes les fois que l'on répand sur des feuilles de vigne une eau contenant quelques traces seulement de sels de cuivre, les semences du peronospora ne peuvent s'y développer. Mais au contraire et si ces semences ont eu le temps d'allonger leurs filaments jusqu'à dans l'intérieur du parenchyme de la feuille, les sels de cuivre deviennent inefficaces parce qu'ils ne peuvent atteindre dans l'intérieur des tissus ces filaments qui sont le germe donnant si rapidement naissance aux semences.

Les sels de cuivre devront, par suite, être déposés sur les feuilles et se dissoudre dans les gouttelettes d'eau avant le moment où les semences y auront été apportées ; les traitements seront donc préventifs et il sera indispensable d'en faire plusieurs échelonnés pendant le cours de la végétation, afin de protéger non seulement les feuilles qui se sont formées lors de sa première application, mais aussi toutes celles qui apparaîtront successivement plus tard.

Et maintenant de quelle façon doivent être employés les sels de cuivre ? Faut-il les utiliser sous forme de poudre, de mélange en solution avec la chaux ou simplement à l'état de solution !

Nous examinerons successivement ces divers modes de procédés, mais je veux vous indiquer d'abord un moyen pratique de reconnaître la pureté du sulfate de cuivre à employer et qui, bien souvent est mélangé à des sels de zinc ou de fer. Il suffit de verser dans la solution cuivreuse une petite quantité de lait de chaux ; si le sulfate de cuivre est pur, la solution devient d'un beau bleu ; si elle contient du sulfate de fer, elle passe au bleu rouillé, et au blanc sale, s'il y a mélange de sulfaté de zinc.

Les poudres, en général et jusqu'à présent, ne me paraissent pas devoir être conseillées.

Elles sont formées d'un mélange de sulfate de cuivre et de soufre en proportions variables et de manière à agir, disent leurs partisans, tout à la fois contre le peronospora et l'oïdium. On comprend que, quel que soit leur degré de pulvérisation, elles ne peuvent jamais présenter cet état d'extrème division des particules cuivreuses sous forme de solution ; d'autre part, ces poudres, à l'état sec offrent très peu d'adhérence et le vent en disperse la majeure partie en pure perte.

La *bouillie bordelaise*, ainsi nommée parce que les vignerons du bordelais ont été les premiers à l'utiliser, se prépare de la façon suivante :

Dans cinq litres d'eau chaude, on fait dissoudre deux kilos de sulfate de cuivre ; la solution est ensuite versée dans un baquet contenant cent litres d'eau.

D'autre part, on éteint un kilo de chaux vive et grasse dans cinq litres d'eau ; cette opération a été faite peu à peu, de manière à ce que la chaux se délite complétement et forme une bouillie épaisse et bien homogène, que l'on verse dans la cuve contenant la solution cuivreuse, en agitant le tout constamment.

On obtient ainsi un mélange homogène bleuâtre, contenant le cuivre à l'état d'oxyde hydraté vert bleuâtre et extrêmement divisé.

La bouillie préparée de cette façon est utilisée le plus communément au moyen d'un pulvérisateur, muni d'un agitateur placé dans le récipient. La projection sur les feuilles détermine la production de gouttelettes qui, en se séchant assez rapidement, adhèrent au bout de quelques jours.

La faible solubilité de l'hydrate d'oxyde de cuivre dans l'eau des rosées et des pluies est suffisante pour empêcher la germination des spores du champignon, dans le cas où ils viendraient à se déposer.

On estime qu'il faut environ 300 litres de bouillie bordelaise pour des vignes plantées en plein — à raison de 3,500 pieds à l'hectare. — Un ouvrier, muni d'un bon appareil, peut traiter jusqu'à 2 hectares par jour.

La bouillie bordelaise a donné partout l'an dernier, d'excellents résultats dans les traitements préventifs. Quelques-uns lui reprochent et non sans quelque raison de constituer un moyen salissant, désagréable pour les ouvriers. D'un autre côté, il est bon de faire remarquer qu'elle a l'avantage de permettre dans les grands vignobles de reconnaître, grâce aux taches qu'elle laisse, si les *traitements ont été bien exécutés*.

Dans ces derniers temps, l'*eau céleste* indiquée par M. Andoynaud, a été très fréquemment employée. On la prépare en faisant dissoudre dans quatre litres d'eau chaude un kilogramme de cuivre. La solution devenue froide, on ajoute un litre et demi d'ammoniaque liquide ou alcali volatil à 22°. Le liquide ainsi obtenu, limpide, d'une teinte bleu foncé ; il est allongé de deux cents litres d'eau, et renferme par suite un demi-kilogramme de sulfate de cuivre par hectolitre. L'eau céleste adhère plus fortement sur les feuilles que la bouillie bordelaise ; son emploi à raison de trois cents litres par hectare et par traitement est moins désagréable, il est en même temps plus économique et aussi efficace.

On ne peut lui reprocher que de causer parfois des

brûlures sur les feuilles ; mais ces accidents qui se produisent même avec des solutions plus étendues ne paraissent pas avoir jusqu'à présent une grande influence sur la santé de la vigne.

Je ne serai pas éloigné pour toutes ces raisons de préférer l'emploi de l'eau céleste à celui de la bouillie bordelaise.

M. Gastine aîné, dont tous les viticulteurs connaissent la haute compétence en matière de maladies de vignes, recommande depuis deux ans l'emploi d'une solution de 120 grammes de carbonate d'ammoniaque additionnée de deux litres et demi d'ammoniaque dans deux cents litres d'eau. La liqueur bleu intense, très brillante, ainsi préparée, aurait l'avantage considérable de ne jamais déterminer de piqûres ou de brûlures sur les feuilles et son adhérence serait bien plus grande que celle offerte par la bouillie bordelaise et la liqueur céleste. La dose à employer par hectare et par traitement serait également de trois cents litres.

Les pulvérisateurs nécessaires pour l'application de ces diverses préparations sont nombreux ; tous sont construits en forme de hotte qu'on place sur le dos et contiennent une pompe puisant le liquide et le refoulant dans une capacité pleine d'air, servant de récipient de compression et de régulation. D'une manière générale, ils ne peuvent être utilisés convenablement que lorsque le liquide en forme de brouillard qu'ils chassent l'est sous une pression d'un atmosphère et demi ; les meilleurs développent cette pression à raison de trois atmosphères.

Dans tous les traitements, on devra s'attacher à bien mouiller le dessus des feuilles, puisque c'est sur cette face supérieure que les spores du champignon viennent se déposer et se transformer en pénétrant dans le parenchyme.

Quel que soit le traitement adopté, la période d'incubation du peronospora pouvant durer huit ou dix jours et le cuivre devant se trouver sur les organes de la vigne, au moment de la première arrivée des germes, il faut que le traitement ait lieu environ une quinzaine de jours avant la première date constatée de l'apparition du peronospora dans une contrée. C'est ainsi que, dans les régions de Bône et de Philippeville, la maladie ayant été reconnue dans la première quinzaine de juin, en 1893, les traitements devront être faite, en 1894, au plus tard, dans les premiers jours de la deuxième quinzaine de mai. Ainsi que l'ont démontré de nombreuses observations, les applications peuvent être faites au moment de la floraison, car les sels de cuivre aux doses auxquelles on les emploie, n'ont aucune action nuisible à ce moment.

Un deuxième traitement devra être pratiqué cinq ou six semaines après et un troisième vers la fin juillet. Ces indications ne sont pas et ne peuvent être absolues, les conditions climatériques dans notre Province si étendue étant si variées. Les propriétaires, à cet égard, sont placés beaucoup mieux que tout autre pour juger à quel moment ils devront procéder aux deuxième et troisième traitements. Mais partout, ils ont un intérêt considérable, cette année surtout, à ne pas se laisser surprendre par le mal et à se préparer dès aujourd'hui pour la lutte.

ECHALASSAGE DES VIGNES

Beaucoup de vignerons sur nos Hauts-Plateaux prennent la bonne habitude, à mon avis, d'échalasser leurs vignes.

Si, on peut reprocher, en effet, à leur système, de ne pas donner au sol l'abri du soleil que lui procurent les rameaux rampant autour de la souche, il faut bien avouer que la résistance qu'il offre aux vents du Sud présente de sérieux avantages.

Qui de nous n'a eu la triste occasion de constater dans son vignoble, alors surtout que celui-ci est encore jeune et que le carignan y domine, les pertes souvent élevées résultant des cassures déterminées par l'action de ce vent terrible. Avec l'échalassage, les sarments maintenus contre leurs tuteurs sont bien secoués, comme on se l'imagine, mais ne risquent pas d'être cassés, à moins d'un vent soufflant en tempête, s'ils ont été fixés convenablement.

En dehors de cet avantage bien appréciable, il en est d'autres, selon moi qui ne sont pas à dédaigner.

Lorsque les rameaux rampent sur le sol, la végétation presque toujours forte de nos vignes, y rend, à un moment donné, les travaux très embarrassants.

Malgré l'espace généralement grand qui existe entre les lignes et les souches, le passage y devient difficile ; il faut, pour y circuler, avoir le soin de relever les sarments ; cette précaution n'est pas toujours prise par les ouvriers, par les indigènes surtout, lorsqu'ils ne sont pas suffisamment surveillés ; non seulement ils ne la prennent pas, mais au lieu de passer par dessus le sarment, ils le forcent avec la jambe et, s'il est cassé, n'en continuent pas moins leur route, tout prêts à recommencer un peu plus loin.

C'est ainsi que les voyant opérer l'an dernier dans certains vignobles non échalassés dont on s'efforçait de chasser les criquets arrivés à l'état ailé, j'en avais conclu que ces insectes n'auraient pas fait plus de mal à la vigne que ne lui en faisaient ces ouvriers la parcourant constamment, sans précaution, y circulant comme au travers d'un taillis.

Il me semble encore que l'air pénétrant facilement dans les lignes et entre les souches lorsque les rameaux sont relevés et échalassés, cet air, lorsqu'il est légèrement humide et frais, doit circuler bien plus aisément dans toutes les parties de la vigne accolée, que lorsque celle-ci forme sur le sol une sorte de tapis impénétrable.

Les raisins enfin, surtout dans les cépages à port non érigé, en reposant sur un sol fortement échauffé, brûlant, risquent, à mon avis, beaucoup plus le grillage que lorsqu'ils sont relevés avec les rameaux qui les supportent.

En France, les échalas les plus utilisés proviennent des bois de chênes, de robinier ou faux accacia et de chataîgnier auxquels leur grande dureté assure une plus grande durée. Ces derniers, hauts de 1^{m}50, valent 35 francs le mille. Ici, quelques vignerons se servent du chêne vert, mais le grand nombre, par raison, surtout d'économie, emploient des bois plus mous tels que le saule et le peuplier qui peuvent durer fort longtemps lorsqu'ils ont été soumis au sulfatage.

On m'a demandé dernièrement comment se pratiquait cette opération de sulfatage ; cette causerie va me servir de boîte aux lettres pour les divers lecteurs bienveillants qui m'ont demandé ce renseignement.

Un cuvier et encore mieux une fosse bien étanche, dont les murs auront été tapissés avec de la glaise pour empêcher toutes fuites du liquide vous servira pour sulfater vos échalas. Sa contenance, variant évidemment suivant le nombre des échalas à préparer, est habituellement de 2 à 3 hectolitres. On y suspend au moyen d'une perche placée en travers et d'une ficelle un vieux panier contenant 3 kilos de sulfate de cuivre par hectolitre d'eau.

Le sel de cuivre étant fondu, on y place debout les paquets d'échalas tout façonnés et on les y laisse immergés pendant une douzaine de jours.

Après quoi, on les retire et on les laisse sécher à l'ombre avant de les employer. Avec ces essences tendres, telles que saule et peuplier, quand elles ont été fraîchement coupées, huit jours de trempage suffisent. Des bois coupés de plusieurs mois, demandent au moins quinze jours d'immersion.

Quand on opère au mois de septembre, ou en mars-avril avec du bois nouvellement coupé, le pied seul placé dans le bain, suffit pour assurer une imprégnation complète. Le liquide conservateur monte dans les vaisseaux du bois en raison de la capillarité et on obtient promptement de bons résultats.

Celui qui ne présenterait pas, au bout de huit jours, sur toute sa surface un aspect verdâtre est replacé dans la fosse par l'autre extrémité pour y rester encore une huitaine. En ce qui concerne les bois résineux, il est préférable de ne les sulfater que lorsqu'ils sont secs ou après un an d'usage, à cause de la résine qui contrarie l'action du sulfate de cuivre.

Il ne faudrait pas croire qu'en augmentant la dose du sulfate de cuivre on diminuera la durée de l'immersion. Une solution trop forte ne pénétrerait pas dans les pores du bois et, de l'avis de M. Baltet, mieux vaut encore réduire à 2 kilos, au lieu de 3, la dose primitive à employer. Après chaque trempage, on se contentera de raviver la liqueur en y faisant dissoudre 300 grammes de sulfate de cuivre par hectolitre de liquide.

Je rappelle pour terminer que le fer mis en contact avec le sulfate de cuivre s'oxyde promptement ; il ne ne faut donc employer qu'un cuvier cerclé en bois, si on n'a pas à sa disposition une fosse étanche. Enfin, le maniement fréquent de bois sulfatés corrode un peu la peau des mains. Mais c'est un petit inconvénient que compense une longue durée du matériel.

L'ACIDE PHOSPHORIQUE

ET LA COULURE

La coulure de la vigne a de tout temps préoccupé les viticulteurs.

Chaque fois qu'elle se produit, on cherche à expliquer les causes qui la provoquent et souvent on met sur le compte des intempéries les motifs qu'il faudrait rattacher à la composition du sol.

Sans doute, les conditions météorologiques au moment de la floraison de la vigne ont sur elle une réelle action, mais je crois que chez nous, en Algérie, les conditions de température n'ont pas l'importance qu'on peut y attacher en France.

Pour remédier à la coulure, on a conseillé de pratiquer sur la vigne, l'incision annulaire qui, tout à la fois permet aux fruits de nouer plus facilement et de grossir davantage. Mais l'application de l'incision, comme toutes les méthodes, du reste, a ses partisans et ses détracteurs.

Quelques viticulteurs ont obtenu avec elle de sérieux résultats, tandis que chez d'autres elle n'a rien produit d'avantageux.

Sans vouloir discuter la valeur du procédé, il semble que l'on puisse indiquer cependant pourquoi l'incision annulaire a réussi sur certains points alors que sur d'autres ell'en'a donné aucun résultat ; peut-être nous expliquerons-nous, en même temps, pourquoi la coulure est si fréquente dans certaine parties de notre vignoble algérien.

La science et la pratique enseignent que le végétal ou l'animal ne peut se former s'il n'a à sa disposition les éléments nécessaires à son développement.

On sait, en effet, que le sol, pour être fertile, doit contenir à l'état assimilable et, en quantité suffisante, des éléments tels que si l'un des quatre principaux fait en partie défaut, la plante n'ayant plus un tout complet à sa disposition ne peut pas être bien constituée et fournir une récolte abondante. En effet, chacune des quatre substances joue, dans la production végétale, un rôle particulier et dès que le sol ne renferme plus dans son sein une quantité suffisante de l'élément en question la graine ou la plante qui lui est confiée ne peut donner naissance à un individu productif. C'est le phénomène qui se produit sur la vigne.

La coulure résulte très souvent du manque de phosphate dans la terre. L'acide phosphorique est un corps indispensable à la graine qui doit assurer la reproduction de l'espèce ; c'est pourquoi il s'accumule notamment dans le fruit. Ce qui fait que ce dernier sera toujours produit en quantité plus abondante et de meilleure qualité par le végétal qui croîtra suffisamment pourvu d'acide phosphorique. Par contre, quand la terre manque de phosphate, la fleur noue mal et si toutefois le fruit se constitue, il reste petit et de médiocre qualité. N'est-ce point le cas pour un certain nombre de nos vignes plantées dans des sols contenant peu d'acide phosphorique, ainsi que les analyses l'ont démontré?

Par conséquent, étant donné un cépage de fertilité ordinaire, si les pampres s'allongent sans se couvrir de fruits, l'addition au sol d'une dose de phosphate assimilable est indispensable.

Par cette judicieuse application, outre l'arrêt de la coulure, on obtient des raisins de grande dimension, pourvus de grains plus gros et mieux nourris ; c'est le résultat auquel on est toujours arrivé dans de nombreuses expériences en appliquant les phosphates sur la vigne.

Puisque l'acide phosphorique active le développement des fruits, la conclusion suivante découle des faits qui précèdent. Toutes les fois que l'incision annulaire sera pratiquée sur des vignes plantées dans des sols pauvres en acide phosphorique, elle ne donnera qu'un très médiocre résultat, par cela seul qu'elle n'arrêtera pas la coulure.

Dans ce cas, c'est au manque de phosphate dans la terre, qu'on doit attribuer la non réussite de l'opération.

La sève qui circule dans le végétal ne portant pas avec elle le principe vital essentiel, ne peut faire nouer le fruit, quelle que soit la quantité du liquide nourricier accumulé sur un point donné par l'incision annulaire.

Vendange hâtive, Vendange tardive

Faut-il vendanger à bonne heure, ou faut-il vendanger tard ? Voilà la question que chaque année, à pareille époque, se posent bien des vignerons.

Et presque tous sont d'avis qu'il faut attendre, pour cette opération, l'extrême maturité du raisin. Encore cette opinion, qui rencontre peu de contradicteurs, comporte-t-elle deux nuances, suivant qu'elle est exprimée par des Bourguignons, des Bordelais ou des Méridionaux, les premiers voulant cette maturité presque exagérée, alors que les seconds se montrent moins exigeants.

Ceux-ci vous disent que chez eux, ils n'ont jamais vendangé que lorsque la plus grande partie du raisin était déjà *figué* sur le cep, c'est-à-dire mûr au point de se rider légèrement, et qu'ils s'en sont toujours très bien trouvés ; que, d'ailleurs, la qualité de ces vins, que l'on connaît sous le nom de Bourgogne, Beaujolais et Bordelais, sont là pour prouver qu'ils n'ont point tort.

Ils oublient trop qu'ici, soit sur nos plateaux moyens et encore moins sur le littoral, ils ne retrouvent plus les mêmes conditions climatériques que dans le vieux et beau pays, à chaleur modérée, sans brusques à-coups, dont la température uniforme permet au raisin d'acquérir progressivement une maturité au cours de laquelle les pertes par évaporation se font insensiblement et en très petite quantité.

Ceux-là, les vignerons de la Provence et du Languedoc, ne songent pas que, si par le fait de vendanges trop tardives, il leur arrive souvent de n'obtenir chez eux que des vins sans bouquet, sans corps et sans verdeur, ces inconvénients sont bien plus à redouter encore en Algérie, où les raisins passent avec la plus grande rapidité de la veraison à la maturation et de celle-ci au blettissement, sous l'influence d'une température sèche, d'un siroco violent.

Et c'est ainsi que se propagent d'abord et s'éternissent ensuite ces erreurs dues à la routine et qu'on ne prend point la peine d'abandonner parce qu'il faudrait se donner la peine de réfléchir et surtout parce qu'il faudrait reconnaître que l'on a tort.

Certains partisans des vendanges tardives soutiennent leur mode de procéder sur ce fait que le degré d'alcool d'un vin est d'autant plus élevé que le raisin a été cueilli mûr, très sucré.

Leur raisonnement n'est juste, n'est vrai qu'en apparence.

Le raisin, en effet, à partir du moment où la maturation physiologique s'est effectuée, ne reçoit plus rien de la plante ; ses échanges n'ont lieu qu'avec l'atmosphère. L'eau que le grain contient diminue et, en même temps, le sucre et les acides qu'il renferme se brûlent en dégageant de la vapeur d'eau et de l'acide carbonique.

Par suite, sur la plantation tout entière, pendant toute cette période de retard, la quantité de sucre qui disparaît entraîne avec elle une quantité proportionnelle d'alcool qui ne peut que manquer à la récolte.

Je sais bien que les vins obtenus par le fait de la disparition de l'eau contenue dans le raisin, devenu passerillé, sont plus sucrés et aussi plus alcooliques ; mais je sais aussi que pendant toute cette période d'extrême maturation du raisin, qui est, à proprement parler, celle de blettissement, la proportion de sucre augmente, par suite de la diminution de la quantité d'eau dans le grain, mais diminue, en réalité, dans le vignoble tout entier.

En résumé, en vendangeant tard, on obtient des vins plus alcooliques, mais on a perdu sur l'ensemble de la récolte une quantité relativement élevée d'alcool.

Il est une autre raison qui milite encore en faveur de la vendange hâtive.

On connaît toutes les difficultés que l'on éprouve pour mener à bien une fermentation qui se produit avec une vendange un peu sèche, formée de raisins très mûrs. Cette fermentation s'établit tout d'abord très rapidement, puis baisse tout à coup ; pour la ranimer, on est alors obligé de la fouler, de soutirer à la partie inférieure pour reverser à la partie supérieure.

Comme conclusion, enfin, on n'obtient, dans la plupart des cas de ce genre, qu'un vin doucereux dans lequel existe encore une certaine quantité de sucre non transformé qui, presque toujours, est pour le vigneron la cause de désagréables surprises au cours de l'année qui a suivi la vinification.

La vendange étant trop mûre, la proportion du sucre qu'elle contenait, beaucoup trop élevée, eu égard à celle de l'eau, ne pouvait donner qu'une fermentation incomplète, malgré toutes les précautions, et, par suite, un vin défectueux et de mauvaise conservation.

Un fait qui se produit malheureusement trop souvent chez nous confirme bien notre opinion au sujet des inconvénients que présentent les vendanges tardives.

Que se passe-t-il, en effet, lorsque nos raisins sont surpris par un violent coup de siroco, alors qu'ils sont en voie de mûrir? Promptement desséchés, grillés, ils ont perdu toute l'eau qui les gonflait et nous faisait songer avec joie au nombre d'hectolitres qui rempliraient nos foudres.

Oh! certainement, dans ce raisin, ainsi grillé, la quantité de sucre a augmenté, mais proportionnellement seulement à la quantité d'eau qui n'existe plus dans le grain qu'en quantité si minime, qu'on sera forcé de mouiller à la cuve, si on veut obtenir un vin à peu près potable.

Ce qui se produit par le fait du siroco est, toutes proportions gardées, la fidèle image de ce qui se produit dans le raisin par le fait d'une vendange tardive : disparition de l'eau nécessaire pour la bonne fermentation; en apparence, gain de sucre et, par suite d'alcool ; mais, en réalité, perte de sucre et, comme conséquence, perte d'alcool sur la totalité de la récolte à obtenir.

Défions-nous donc des vendanges tardives autant que nous redoutons le siroco ; en vendangeant tardivement, nous n'obtiendrons que des vins sucrés, sans bouquet, ni corps, ni verdeur, très facilement altérables; une vendange précoce nous donnera toujours un vin solide, peut-être un peu vert au début, mais qui se bonifiera rapidement, deviendra excellent et se conservera sûrement.

Et puis, n'est-ce rien au point de vue vente, que d'avoir des vins de primeur ?

ÉPOQUE DES VENDANGES

Encore quelques jours et nous serons en pleine
vendange. Déjà cuves, foudres grands et petits sont
prêts à recevoir le grain précieux dont la transformation en vin va payer largement les dépenses et faire
oublier les ennuis de l'année.

Les raisins sont attentivement surveillés ; de verts
ils sont devenus roses, rouges ou noirs ; la maturation commence à se produire ; il s'agit de ne pas
la laisser s'effectuer d'une façon exagérée ; il ne faut
pas non plus vendanger trop tôt.

Quand la maturation est-elle arrivée au point qu'il
ne faut pas laisser dépasser ? Comment peut-on reconnaître si cette maturation est arrivée à un degré
suffisant ? Voilà le sujet dont nous voulons vous entretenir dans cette causerie.

D'une façon absolue, physiologique, la maturation
est complète, lorsque le pédoncule de la grappe est
devenu ligneux, de couleur brune, quand la grume
se détache facilement en laissant dans les raisins
rouges un filet violet sur le pédicelle et enfin quand
les pépins ont passé du vert au brun.

A ce moment le grain a atteint son maximum de
grosseur ; il est devenu mou et translucide ; si vous
le goûtez, sa saveur confirmera l'indication donnée
par l'œil ; le jus est devenu doux ; il a perdu son as-

tringence et se colle facilement aux doigts ; la maturation est terminée, vous pouvez, vous devez vendanger.

Je sais bien que nombre de vignerons vous soutiendront que le raisin est encore trop gonflé, que le sucre contenu n'est pas encore assez abondant, qu'il faut attendre.

Ne les écoutez pas ; ils raisonnent faux et je suis persuadé que vous serez de mon avis quand je vous aurai fait connaître ce qui se produit quand la maturation est terminée.

A partir de ce moment, le raisin ne reçoit plus rien de la plante ; ses échanges ont lieu avec l'atmosphère ; l'eau qu'il contient diminue ; en même temps le sucre et les acides qu'il renferme se brûlent en dégageant de la vapeur d'eau et de l'acide carbonique.

Pendant cette période, dite de *blettissement*, la quantité de sucre augmente dans le grain par rapport à la quantité d'eau qui diminue, mais en réalité il y a également perte de sucre dans la totalité de la vendange, puisque déjà à ce moment se produit une sorte de fermentation dans l'intérieur du grain, fermentation transformant ce sucre en alcool.

Comme conséquence, en vendangeant tard, à la période de blettissement, alors que le raisin a perdu une certaine quantité de son eau, vous obtiendrez des vins sucrés, alcooliques, mais peu abondants ; en cueillant, au contraire, au vrai moment de la maturation, la qualité de votre vin sera moins alcoolique, mais la quantité sera plus élevée: Ce même vin sera plus frais, plus riche en acidité, condition qu'il faut absolument rechercher dans notre pays ; il sera également de bien meilleure conservation, se dépouillera plus vite et plus facilement.

L'appréciation du moment exact de la vendange par l'examen du raisin, par la saveur qu'il présente, entraîne souvent des erreurs ; c'est pour éviter ces erreurs que tout vigneron soucieux de recueillir une bonne vendange doit se servir d'un petit instrument très fidèle et bien simple qui se nomme *glucomètre*, *pèse-moût* ou *pèse-sirop* ; c'est un outil indispensable consistant en un tube de verre renflé à sa partie inférieure, soit en sphère, soit en cylindre, et constituant par sa partie supérieure une tige graduée portant une échelle dont le zéro occupe la partie supérieure et dont les unités représentant un degré augmentent en descendant jusqu'au point de la jonction de la tige avec la partie renflée de l'instrument.

Le glucomètre indique d'une façon absolue la densité du moût et d'une façon relative seulement la quantité du sucre qui concourt à augmenter cette densité.

Rien n'est plus facile qu'une opération glucométrique ; il suffit d'exprimer le jus de quelques grappes de raisin, dont on veut apprécier la richesse, de filtrer ce jus à travers un linge fin, de le verser dans une éprouvette à pied et de plonger le glucomètre dans le liquide. L'instrument s'enfonce d'autant moins dans le liquide que le moût est plus dense, c'est-à-dire plus riche en sucre ; le degré que marque le glucomètre au point qui correspond à la surface du liquide indique les degrés de sucrage de ce liquide. Il faut toujours avoir la bonne précaution, en faisant cette opération, de ramener la température à douze ou quinze degrés.

Le vigneron soigneux pèsera tous les jours afin de se rendre compte du meilleur moment pour vendanger.

Le glucomètre de M. Salleron donne directement la densité du liquide et, au moyen d'une table qui accompagne l'instrument, indique la richesse du moût en sucre et le volume d'alcool que contiendra le vin provenant du moût essayé.

Les rapports des degrés des différents moûts de raisin avec la richesse correspondante des vins qu'ils produisent peuvent être approximativent établis ainsi qu'il suit :

Les moûts qui n'accusent pas plus de 6 à 8 degrés au glucomètre donnent de petits vins de 6 à 7 degrés d'alcool, pas assez forts pour le grand commerce intérieur et d'exportation.

Les bons vins de consommation courante, pour être solides, doivent être le produit de moût marquant de 9 à 13 degrés et donnant, par conséquent, à l'alcoomètre, 9 et 13 degrés.

Il faudra donc vendanger lorsque le pèse-moût marquera au minimum 10 ou 12 degrés ; il est certain que cette densité varie suivant la nature des cépages.

L'expérience doit se faire toujours le matin à bonne heure, au moment le plus frais de la journée ; la chaleur faisant augmenter le volume des liquides et, par suite, diminuer leur poids ; en opérant par un temps chaud, le pèse-moût s'enfoncerait trop et donnerait une indication fausse.

Voilà une bien longue causerie ; je la résume en vous engageant à vous servir très exactement du muslimètre ou glucomètre et surtout à ne pas attendre, pour vendanger, que votre raisin soit trop mûr ; nos vins sont généralement pauvres en acides ; trop sucrés, doux au décuvage, d'une couleur fausse, ils se dépouillent difficilement, fermentent fréquemment et finissent souvent par tourner à l'aigre ; vous éviterez tous ces inconvénients en ne vendangeant pas trop tard.

VINS MOUSSEUX

On se figure généralement que la fabrication des vins mousseux est une opération aisée, à la portée de tout le monde. Ce n'est pas tout à fait exact. On peut aisément faire des mousseux partout, mais les qualités sont très variables. Nous allons vous dire succintement une manière d'opérer en Champagne.

On emploie des raisins blancs et des raisins noirs. Un quart ou un huitième de noir, associé au blanc, donne de bons résultats. Pour les uns comme pour les autres, le pressurage des raisins doit être fait aussitôt leur sortie de la vigne. Si l'on tardait un peu, le moût des raisins blancs jaunirait et celui des raisins noirs deviendrait rose. Le moût, une fois obtenu, on le verse dans une cuve ou dans un foudre, afin, qu'il y dépose sa lie ; on l'y laisse de 12 à 24 heures environ.

On soutire, ce laps de temps écoulé, et on remplit des tonneaux neufs, exempts de tout mauvais goût. On place les tonneaux pleins dans un cellier ou magasin ; la fermentation s'y accomplit plus ou moins vite, selon la température et la richesse du moût en matières sucrées.

Vers la fin du mois de décembre, on soutire de nouveau et, peu de temps après, on colle légèrement

avec une composition contenant 16 grammes de gélatine pure, 8 grammes d'alun et un litre de vin blanc ;
un quart de litre suffit pour coller une pièce de
200 litres.

Vers la fin de mars ou en avril, on soutire encore
rapidement et on replace en tonneau en se servant
d'un tamis double, l'un en crin, l'autre en soie.

Huit jours avant le tirage en bouteilles, qui commence fin avril, on s'assure du degré du vin au glucomètre et on introduit du sucre candi blanc dans la
pièce, à raison de *3 kilos* sucre par *215 litres* si le
vin marque *6 degrés* ; à raison de *2 kilos 500
grammes* s'il marque *7 degrés* ; à raison de *2 kilos*
s'il marque *8 degrés* ; à raison de *1 kilo 500
grammes* s'il marque *9 degrés* ; de *1 kilo* pour du
vin à *10 degrés* ; de *500 grammes* pour du vin à
11 degrés.

Il faut s'abstenir d'ajouter du sucre candi au vin
pesant 12 degrés, parce que l'on risquerait fort de
casser toutes les bouteilles.

Ces bouteilles, d'ailleurs, doivent être choisies avec
beaucoup de soin ; on les prend du poids de 850 à
900 grammes et ayant une épaisseur uniforme sur
tous les points situés à la même hauteur.

Le choix des bouchons est également très important.

La mise en bouteilles se fait au cellier. Une personne emplit les bouteilles, une autre les bouche ;
mais, avant de les boucher, si le vin n'avait pas été
sucré huit jours d'avance, elle verse dans chaque
bouteille 3 ou 4 centilitres d'une liqueur à vin que
l'on prépare ainsi : 750 grammes de vin que l'on fait
réduire à 125 grammes sur un feu doux ou au bain-
marie.

On prend un bouchon qui a séjourné dans l'eau deux ou trois jours et l'on bouche au moyen d'une machine spéciale. Le boucheur passe la bouteille à un ouvrier qui assujettit le bouchon avec de la ficelle imprégnée d'huile de lin et celui-ci la passe ensuite au metteur en fil de fer.

Quelques fabricants suppriment la ficelle et se contentent d'une agraphe en fil de fer pour ce bouchage qui n'est que provisoire.

On place ensuite les bouteilles au treillage, soit au magasin, soit au cellier.

Huit ou dix jours après cette opération, et quelquefois plus, on voit se former dans les bouteilles un dépôt plus ou moins abondant ; il faut alors les transporter immédiatement à la cave pour les soustraire à une température chaude qui, à 22 degrés seulement, produit la casse. Celle-ci, à certains moments, pendant les temps orageux, aux époques de floraison et de véraison du raisin, peut devenir très forte, même dangereuse.

A Epernay, quand la mousse est bien prise au cellier, on transporte les bouteilles dans la cave la plus froide ; l'année suivante, on les met dans une cave moins basse, et avant d'expédier, on replace les bouteilles au cellier pour habituer le vin à la température extérieure.

Au mois de février de l'année suivante, les bouteilles, replacées au cellier dès le commencement de novembre, sont bonnes à être mises au point, c'est-à-dire inclinées de façon que le dépôt descende au goulot, sur le bouchon ; on les retourne tous les jours et on les redresse peu à peu.

Au bout de quinze à vingt jours, les bouteilles

sont droites et le fond en l'air : c'est le moment de dégorger.

Le dégorgeur prend la bouteille sur la pointe, la couche sur son avant-bras gauche, le goulot en bas, détache le fil de fer et la ficelle, se rend maître du bouchon qui glisse au moyen d'une pince, fait sortir ce bouchon par un tour de main, et aussitôt l'explosion produite, le vin chasse le dépôt dans un baquet. C'est une perte, sans doute, mais elle est inévitable. Le dégorgeur ferme rapidement la bouteille au moyen d'un bouchon provisoire.

Après le dégorgement, le vin est âcre et acide ; il faut ajouter de la liqueur, à raison de 60 à 70 grammes dans chaque bouteille dégorgée, et souvent plus ; celui qui remplit se nomme le *recouleur*.

Le boucheur emploie, en dernier lieu, ses meilleurs bouchons, et le ficeleur achève le travail.

Quelques jours après, on peut envelopper le goulot d'une feuille d'étain, ou bien goudronner le bouchon et expédier.

La liqueur, dont on se sert après le dégorgement, varie beaucoup dans sa composition. La liqueur ordinaire se prépare, chez les grands fabricants, par pièce de 228 litres. Dans chaque pièce, il entre 150 kilogrammes de sucre candi blanc sur lequel on verse 10 litres de cognac, fine-Champagne, et on remplit avec du bon vin blanc vieux. Chaque jour, pendant une vingtaine de jours, on roule la futaille dans le cellier, puis on tire la liqueur et on la fitre avant de la mettre en bouteilles ; c'est avec elle que le recouleur remplace le vide fait par le vin dégorgé.

ALTÉRATION DES VINS BLANCS

Les vins blancs noircissent très facilement.

En parfait état de limpidité, aussi longtemps qu'ils sont conservés dans des tonneaux hermétiquement bondés, ils se troublent dès qu'on les expose à l'air, soit en ouvrant les fûts, soit en procédant à un tirage ; leur limpidité s'assombrit ; puis, peu à peu, l'intensité du mal augmente et le liquide acquiert une teinte franchement noirâtre. Cette coloration est due très probablement à une oxydation de substances mucilagineuses en suspension dans le vin ; elle est semblable à celle qui tue le cidre et salit le vinaigre.

Une addition de bon alcool empêche souvent le noircissement ; un léger méchage rend quelquefois, dans ce cas, un bon service ; le chauffage, méthodiquement appliqué, réussit également en pareille circonstances.

Certains vins blancs peuvent également noircir sous l'influence d'une matière chromogène de la nature probablement des tanins qu'ils récèlent en eux, ou d'une substance extractive du bois qu'ils empruntent à la futaille, matière qui noircit par l'action de l'oxygène de l'air.

Ces deux causes d'altération peuvent se rencontrer dans le même liquide et l'impressionner d'autant plus vivement qu'elles y sont plus abondantes.

Un collage énergique améliore très souvent le vin disposé à noircir dans ces conditions ; la gélatine ou l'albumine des matières employées pour la clarification des vins s'unissent aux diverses espèces de tanins et forment avec eux des composés qui se précipitent sous forme de lies.

La maladie de la graisse doit figurer dans cette étude sur les vins blancs.

Quand on les transvase, ils coulent à la manière de l'huile ; leur goût devient fade et plat ; leur limpidité est compromise.

Cette altération exerce ses ravages plutôt sur les liquides d'âge moyen, c'est-à-dire compris entre un an et quatre ans.

Pasteur a toujours trouvé la maladie concordant avec la présence, dans le liquide, d'un ferment spécial en filaments formés par des chapelets de grains sphériques très petits, variables de grandeur avec la nature des vins où ils s'étaient développés, mais toujours de 1/1000ᵉ de milimètre. Ces chapelets sont enveloppés d'une matière gélatineuse, laquelle contribue, avec leur enchevêtrement, à donner au liquide son aspect filant caractéristique.

M. Robinet objecte à la théorie de Pasteur que la constitution physique d'un liquide est impossible à modifier à degré tel que le filage, par une reproduction organique, et il considère le ferment de la graisse comme un effet et non une cause.

Le petit organisme se développerait grâce à la présence d'albuminoïdes qu'ils transformeraient en *ziméose*.

En tout cas, le tanin, en coagulant la matière albuminoïde, détruit l'effet de la maladie par la précipitation de la substance anormale ; de plus, il crée un milieu que l'observation montre incompatible avec le ferment de la graisse, puisque celui-ci ne se développe jamais dans un vin astringent. La forme du ferment en chapelets de sphères se modifie quand, par suite de l'épuisement du liquide en matières nutritives, l'altération tend à ne plus se propager. Les chapelets se scindent et l'on ne trouve plus que des couples de sphères ; c'est l'aspect qu'il présente dans les lies après l'épuisement de la maladie. Enfin, une dernière forme, curieuse, paraît être produite par le contact de l'air dans les vins gras en vidange ; c'est l'aspect d'une peau superficielle membraneuse, semblable, à s'y méprendre, à la mère du vinaigre.

Les soins que cette maladie nécessite sont de deux ordres : préservatifs et curatifs.

Les soins préservatifs consistent à donner au vin, au moyen de la fermentation, ou pendant la fermentation, tous les éléments nécessaires à sa constitution normale.

Ainsi, les vins blancs, qui sont le plus souvent atteints, ne cuvant pas avec les rafles, ne renferment que de très petites proportions de tanin et se trouvent, par suite, avoir plus de chances de maladies ; il est donc nécessaire de leur fournir directement la matière astringente, qui aurait dû être normalement empruntée aux rafles pendant la fermentation.

Lorsque la maladie s'est déclarée, le meilleur moyen de la combattre réside dans l'emploi du tanin (30 grammes dans un litre d'alcool, par hectolitre), ou même d'un produit tanifère contenant aussi un peu d'acide tartrique, à la dose d'environ 30 à 40 grammes par hectolitre, selon le degré du mal.

On s'assure du dosage en faisant un essai préalable sur une petite quantité. Si on traitait, après, une colle trop forte, le vin ne se clarifierait pas parfaitement ; la quantité de colle à employer ne doit jamais dépasser en poids la moitié du produit tanifère jugé utile.

Le ferment de la [graisse qui s'est développé en l'absence de l'air paraît craindre le contact de ce fluide ; aussi, doit-on dépoter ou même agiter à l'air les vins qui ont tourné à la graisse ; à la suite de ce mouvement, les vins filent beaucoup moins.

On a vu des vins guérir à peu près de cette maladie en les faisant tomber d'une certaine hauteur dans des baquets destinés à les recevoir, ou même simplement en les roulant en fûts sur le sol pendant quelque temps, ou encore en les faisant voiturer sur un chemin rocailleux. Ainsi, les chocs répétés pourraient, dans certains cas, suffire pour rétablir le vin tournant à la graisse.

CONSERVATION DES VINS

Planter de la vigne dans de bonnes conditions, c'est-à-dire avoir fait un choix judicieux du terrain, que l'on a bien préparé, de cépages que l'on a convenablement mis en place, c'est là une opération relativement facile.

La question devient un peu moins aisée à résoudre, lorsqu'il s'agit de la fabrication de ce vin que l'on a récolté et tout à fait difficile alors que la conservation de ce liquide s'impose au propriétaire par le fait de diverses circonstances économiques.

Le vigneron, dans ce dernier cas, se trouve forcé d'avoir recours à un certain nombre de pratiques telles que les soutirages, les ouillages, les collages, qui toutes ont pour but, chacune en agissant d'une façon qui lui est particulière, d'empêcher le vin de s'altérer, de contracter certaines maladies qui depuis longtemps sont connues, mais dont on avait ignoré les causes jusqu'en 1873.

C'est à M. Pasteur que nous sommes redevables de la connaissance exacte de ces causes, en même temps que des caractères que présentent les diverses fermentations.

Il a démontré, en effet, de la façon la plus saisis-

sante que toutes les maladies des vins sont pro-
duites par des végétaux parasitaires microscopiques
qui y trouvent des conditions favorables à leur développement ; ils s'altèrent ensuite soit par soustraction
de ce qu'ils lui enlèvent pour leur nourriture propre,
soit principalement par la formation de nouveaux
produits qui sont un effet même de la multiplication
de ces parasites dans la masse du vin.

De là, cette conséquence claire et précise qu'il doit
suffire, pour prévenir les maladies des vins, de trouver le moyen de détruire la vitalité des germes des
parasites qui les constituent de façon à empêcher
leur développement ultérieur.

De ces parasites microscopiques les uns rendent
les vins piqués ou fleuris, les autres les acétifient,
certains les font tourner ou leur causent la maladie
dite de la pousse ; il en est enfin qui rendent le vin
gras tandis que d'autres le font amer.

Tous agissent en présence de l'oxygène de l'air
qui est indipensable à leur existence et c'est pour ce
motif que la pratique du soufrage au moyen de laquelle on transforme l'oxygène en acide sulfureux
est indispensable dans toute cave bien tenue.

D'autre part, pour débarrasser le vin dans la plus
grande limite possible de ces ferments si nuisibles à
sa conservation, d'autres procédés sont encore employés.

Certains vignerons pratiquent le filtrage au moyen
d'appareils plus ou moins perfectionnés. Nous avons
pu, à différentes reprises, voir fonctionner le grand
filtre Pasteur ; il donne certainement des résultats
merveilleux au point de vue de la disparition complète des ferments, mais son prix très élevé ne le
met pas à la portée de toutes les bourses.

Ces dernières années on a recommandé tout à la fois le chauffage et la congélation.

Le premier de ces procédés, également découvert et préconisé par M. Pasteur, consiste à chauffer les vins à une température de 60 degrés au-dessus de zéro et à les laisser ensuite refroidir progressivement.

A ce degré de chaleur, tous les ferments contenus dans le vin et qui sont causes de toutes ces maladies sont tués, deviennent inertes.

On emploie, pour chauffer à cette température des grandes masses de vin, des appareils, les uns dits à travail intermittent, les autres, à circulation continue ; ces derniers sont généralement préférés et valent 3,000 francs lorsqu'ils chauffent 10 hectolitres à l'heure et 6,000 francs s'ils débitent 30 hectolitres de vin chauffé dans le même laps de temps.

On reproche aux vins chauffés, surtout avec des appareils à travail intermittent, un léger goût de cuit et de vieux.

La congélation, lorsqu'elle ne dépasse pas une température de 6 degrés au-dessous de zéro, n'entraîne qu'une précipitation partielle des matières colorantes, de la crème de tartre et des globules de ferments contenus dans le vin qui devient alors plus vif de couleur et beaucoup moins sujet à entrer en fermentation. Au-dessous de moins 6 degrés, les ferments sont absolument tués, mais la couleur primitive n'a plus la vivacité qu'elle possédait ; la nuance rouge vif est remplacée par une teinte rouge légèrement jaunâtre, analogue à celle des vins vieux.

Le goût est notablement modifié ; il laisse percevoir une saveur de raisin cuit très marquée ; il y a enfin, dans le vin, une diminution d'alcool qui se retrouve, il est vrai, dans la glace et dont on peut l'extraire, mais seulement au moyen d'appareils compresseurs que leur haut prix rend peu abordables pour le simple vigneron.

Ce sont là bien des inconvénients qui font hésiter le producteur, parce que, en dehors de la quantité d'alcool qu'il perd, il se demande si ce vin, qui aura pris un petit goût de cuit, sera d'un écoulement facile.

Aujourd'hui, il est question d'un procédé qui, d'après ses inventeurs, serait bien supérieur à tous les autres ; il consisterait, d'après les renseignements verbaux qui m'ont été fournis, à faire passer un courant électrique dans une masse donnée de vin. Ce courant, en y détruisant tous les ferments, assurerait sa conservation pour une durée presque indéfinie. Le vin ainsi traité ne contracterait aucun goût particulier de plat ou de vieux, acquerrait, au contraire, avec le temps, de meilleures qualités, malgré toute cessation de vie dans sa masse.

Les vins sucrés verraient eux-mêmes leur sucre en excès transformé en alcool par ce traitement. Les vins acides, seuls, ne pourraient être traités efficacement.

Les expériences faites pendant deux années, soit à Bordeaux, soit à Bercy, permettraient à leurs auteurs d'affirmer qu'on peut avoir toute confiance en leur procédé qui paraît, en somme, très conforme aux données scientifiques.

Des vins de toute nature ont été traités avec succès ; dans le Bordelais, des vins mildiousés soumis en 1891 à un courant électrique ont été vendus plus tard dans d'excellentes conditions.

Quoiqu'il en soit, les inventeurs de ce nouveau procédé de conservation viennent continuer leurs expériences en Algérie ; ils y ont été, paraît-il, engagés par le Ministère de l'Agriculture. A Alger, à Oran et à Constantine, tout récemment, les Sociétés agricoles et viticoles ont accueilli l'un d'eux avec beaucoup d'intérêt et lui ont promis leur concours, car la question est d'une importance considérable pour la viticulture algérienne tout entière.

Ces essais seront commencés à Alger dans une quinzaine de jours, aussitôt que les machines nécessaires seront arrivées et sur tous les échantillons qui seront envoyés.

Ces échantillons devront être formés par cinq fûts contenant chacun 110 ou 115 litres et adressés en gare l'Agha-Alger aux frais du producteur. Ils lui seront retournés et après un temps plus ou moins long nécessaire à leur examen par des Commissions siégeant à Alger et formées de membres choisis parmi les viticulteurs des trois départements. Un deuxième examen aura lieu au laboratoire de l'Institut agronomique à Paris.

La réexpédition se fera nécessairement aux frais du propriétaire.

Voilà bien des débours : prix de la marchandise, valeur des fûts, frais de transports. On n'aime pas, dans nos campagnes, et pour cause, à faire des avances d'argent, surtout en ce moment, quand on n'est pas à peu près certain d'un bon résultat. Et pourtant, à part certaines questions de détail qui ont cependant bien leur intérêt, il me semble que le procédé de conservation des vins par le passage d'un courant électrique peut avoir une réelle valeur et doit être soumis à l'expérience dans notre pays.

Si nous avions un Syndicat, son rôle serait tout tracé ; nous enverrions à frais communs une certaine quantité de vins de régions différentes et la dépense pour chacun de nous se trouvant réduite, de ce fait, à une somme insignifiante, il n'y aurait pas à hésiter.

Mais s'associer, se syndiquer entre cultivateurs ayant tous les mêmes intérêts à soutenir, à défendre, n'est-ce pas presque aussi difficile chez nous que de conserver son vin dans de bonnes conditions ?

DES SYNDICATS

Les statistiques du Ministère des Finances faisaient connaître tout récemment que l'importation en France, des vins algériens, s'élevait à plus de quatre-vingt mille hectolitres.

Voilà bien un résultat remarquable, si l'on songe surtout que nous ne sommes réellement planteurs de vignes que depuis dix ans au plus.

Ce chiffre d'exportation sera-t-il facilement dépassé dans un avenir peu éloigné ? La réponse ne peut être qu'affirmative si nous continuons à soigner de mieux en mieux en mieux nos vins et si en même temps nous savons réagir énergiquement contre les tendances de quelques industriels à débiter leur marchandises sous l'étiquette de vins algériens.

Nous vous entretiendrons aujourd'hui, si vous le voulez bien, des moyens à employer pour lutter avantageusement contre la concurrence fâcheuse que nous font ces industriels.

Je n'ai pas la prétention d'avoir soulevé le premier cette question de vente à Paris et ailleurs de vins dits algériens, au moyen de réclames exagérées et dans des conditions telles de bon marché qu'elles ne supportent pas l'examen ; déjà, dans les trois provinces, divers journaux s'en sont préoccupés à diverses reprises. Un d'eux, il y a trois mois à peine, publiait une lettre d'un de ses correspondants lui signalant un commencement de défaveur jetée sur nos vins, dans la place de Paris, par ces manœuvres d'un commerce peu loyal.

Depuis cette époque, et malgré les protestations fréquentes de toute la presse algérienne, ces ventes n'ont pas cessé de progresser, toujours revêtues des mêmes formules pompeuses destinées à attirer les clients trop naïfs.

On peut lire, en effet, à la 4ᵉ page des plus grands journaux parisiens, l'annonce suivante : « Vins d'Al-« gérie, supérieurs, naturels, garantis (!), contenant « tant d'extrait sec, tant d'alcool.... etc. ; et tout cela « ne coûte que 116 francs la pièce de 210 à 220 litres, « soit 52 francs 50 l'hectolitre. »

Examinons à quel prix peut avoir été acheté le vin vendu dans ces conditions. Sur 52 fr. 50, il importe tout d'abord de retrancher la somme de 22 francs qui constitue le paiement des droits d'entrée à Paris ; il ne restera plus que 32 fr. 50 sur lesquels il faudra encore prélever les frais de transport du lieu de production à Paris, le coût du fût, les frais de location du magasin, de manutention, de salaire des employés, l'intérêt du capital engagé. Ces frais divers, dans leur ensemble, peuvent-ils être inférieurs à 20 francs par hectolitre ? je ne crois pas. Et alors, ce vin vendu à Paris 52 fr. 50, aurait été acheté en Algérie à raison de 12 fr. 50 l'hectolitre, le bénéfice en vue duquel tout commerçant travaille n'étant pas compté. Mais nous savons cependant bien, nous tous viticulteurs, qu'il n'est pas possible de livrer à ce prix des vins purs, naturels, riches en extrait sec, pesant onze à douze degrés d'alcool de fermentation. Nous vendons sans difficulté ceux qui présentent ces qualités, 25 et 30 francs, soit pour la consommation locale, soit à des clients de France.

Que renferment donc les vins livrés à Paris dans les conditions indiquées par leurs vendeurs ?

Leur titre alcoolique n'est-il tout simplement que le résultat d'une alcoolisation particulière au moyen de produits étrangers et sur des boissons dont le raisin n'a jamais mûri sous notre beau ciel.

On comprend que le sujet est trop délicat pour que je veuille chercher à l'approfondir ; il sera facile de tirer des faits que je viens d'exposer toutes leurs conclusions naturelles.

On a proposé diverses mesures pour empêcher le développement de ces ventes ruineuses pour l'avenir de notre viticulture en Algérie.

Les uns ont conseillé, après analyse faite des vins vendus sous le noms de vins algériens et non reconnus comme tels, mais bien comme fabriqués de toutes pièces, d'intenter une action aux vendeurs ; d'autres ont pensé qu'il serait préférable de prier nos Représentants de s'intéresser à la question et de demander au laboratoire municipal de Paris l'exercice d'une surveillance constante sur les vins vendus avec l'étiquette d'algériens.

Ces moyens peuvent amener de bons résultats ; mais leur durée étant toujours très limitée n'atteindra que bien difficilement le but qu'on se propose.

Ce que je voudrais voir s'établir partout en Algérie, pour la vente de nos vins, ce serait le rapport direct entre le consommateur et le producteur, la vente sans intermédiaire faite au premier par le deuxième.

Et nous arriverions aisément à ce résultat si dési_
rable en nous associant, nous producteurs, en nous
formant en syndicats locaux professionnels ; par ce
moyen, nos forces disséminées étant réunies en un
véritable faisceau, nous serions dans les meilleures
conditions pour vendre avantageusement nos produits et lutter contre la concurrence souvent déloyale
qui nous est faite.

Supposez que nous soyons syndiqués dans l'arrondissement de Constantine, et que l'on vînt nous apprendre qu'il se vend à Paris, à raison de 52 francs
l'hectolitre, des vins qu'on assurerait venir de chez
nous ; je suis certain que nous n'hésiterions pas à
protester énergiquement. Au moyen des ressources
fournies par l'Association, nous nous adresserions
aussitôt aux journaux ayant publié les réclames en
faveur des prétendus vins d'origine constantinoise et
nous leur dirions : « Si la consommation désire des
vins naturels pesant 10 à 12 degrés d'alcool de fermentation vinique, le Syndicat, avec sa garantie, est
en mesure de lui en fournir, mais pas à moins de
30 à 35 francs, en gare, Constantine. »

Ces avis étant fréquemment publiés, le vrai consommateur, la clientèle bourgeoise, finiraient par se
méfier, avec raison, d'une marchandise offerte à trop
bon marché pour ne pas être défectueuse ; c'est à
nous, producteurs syndiqués, qu'on s'adresserait, et
nous verrions rapidement s'effondrer devant l'indifférence du public acheteur, ce commerce douteux,
vrai danger pour l'Algérie, sous le voile de laquelle
il s'abrite pour trafiquer aux dépens du producteur
et du consommateur.

C'est surtout aux petits colons que je crois devoir

m'adresser plus particulièrement, en leur assurant que leur réunion en Syndicats leur assurera seule la vente de leurs vins, de tous leurs produits, dans des conditions avantageuses.

Le grand propriétaire, par ses nombreuses relations, trouve presque toujours à écouler sa récolte soit sur place, soit au dehors ; ses ressources lui permettent une certaine publicité ; au besoin, il installe des dépôts, des magasins de vente sur divers points.

Mais le petit vigneron, souvent aux prises avec les difficultés qu'entraînent un capital, un crédit très limités, ne peut rien pour attirer la clientèle qu'il est obligé d'attendre, et si l'attente est trop longue, il est presque toujours forcé d'en passer par les exigences du négociant.

Associé à son voisin, à ses voisins, ses ressources s'accroissant en raison du nombre des associés, deviendront au moins aussi fortes que celles du grand propriétaire ; elles lui permettront alors de faire connaître les produits obtenus par la collectivité en envoyant un peu partout des échantillons garantis, en chargeant, au besoin, un représentant choisi parmi les associés de les faire apprécier, de les vendre dans les centres populeux.

Comment se forme-t-on en Syndicat ? me direz-vous. Rien n'est plus facile. On se réunit un certain nombre à la Mairie ou ailleurs ; le choix de la salle importe peu ; on se choisit un président, un trésorier, un secrétaire ; la liste de tous les membres adhérents ayant signé sur une feuille de papier ordinaire est ensuite portée à la Mairie, qui donne un reçu. Le Syndicat est régulièrement établi ; les formalités, vous le voyez, ne sont ni longues, ni difficiles.

Et alors, vous avez tous les droits que comportent ceux d'un Syndicat légalement formé, c'est-à-dire ceux d'une personnalité civile et juridique capable d'ester en justice, d'acquérir des immeubles, des offices de renseignements, des caisses spéciales de secours mutuels et de retraites.

Quels avantages, quels privilèges donne l'association dans des conditions pareilles ?

C'est en s'organisant en Syndicats, que presque tous les agriculteurs, en France, achètent aujourd'hui en gros les semences, les engrais, les machines aratoires nécessaires, se passant ainsi d'intermédiaires toujours forcément coûteux, réalisant sur leurs achats des diminutions de 20 et 30 pour 100.

C'est en se syndiquant, que les cultivateurs des départements du Nord, du Centre et du Midi de la France vendent directement aux consommateurs ou à leurs syndiqués, dans des conditions tout à fait avantageuses, les uns leurs beurres, leurs fromages, leurs céréales, leurs foins, leurs bestiaux ; les autres leurs fruits, leurs vins.

Si, suivant cet exemple, nous parvenions à nous syndiquer un peu partout en Algérie, ce n'est pas 80,000 hectolitres de vin que nous importerions en France l'an prochain : c'est peut-être bien 200,000. Nous relèverions ainsi, en l'assurant, la prospérité de notre beau pays et contribuerions, dans une certaine mesure, à celle de la Mère-Patrie.

DE L'APPLICATION DES TRAITEMENTS

AU SULFURE DE CARBONE

CONTRE LE PHYLLOXERA

———————

Les traitements culturaux contre le phylloxéra vont être très prochainement entrepris dans la région de Philippeville ; nous avons l'entière conviction qu'ils permettront de conserver longtemps encore les vignobles dans lesquels le phylloxéra n'a pas fait déjà de tels progrès que la végétation soit sur le point d'y disparaître complétement ; car, il ne faut pas se le dissimuler, les traitements au sulfure de carbone, en diminuant le nombre d'insectes attaquant la vigne, peuvent bien lui permettre de végéter, de produire, mais sont impuissants à la rappeler à la vie lorsque, depuis longtemps attaquée, elle est déjà languissante. plus que dépérissante.

D'autre part, ces traitements demandent à être faits avec circonspection ; ils ne conviennent pas également dans tous les sols et à toutes les époques.

Les terres légères, granitiques, siliceuses, bien ameublies, sont celles qui permettent d'espérer les meilleurs résultats, alors que celles qui sont argileuses, compactes, froides, donnent souvent des mécomptes.

On sait parfaitement aujourd'hui que pendant l'hiver, alors que le sol est souvent saturé d'humidité, les vapeurs de sulfure de carbone ne se répandent que très lentement dans les couches souterraines, ne pénètrent pas à de grandes profondeurs, mais que leur action, au contraire, dans ces conditions, persiste pendant dix à quinze jours, et cette dernière particularité n'est quelquefois pas sans offrir un réel danger pour l'existence de la vigne, si surtout la dose employée a été un peu forte.

Cette action est, d'ailleurs, d'autant plus prononcée que le sol est peu perméable, de nature argileuse.

Ce sont là de sérieuses indications de nature à engager les propriétaires à ne pas se hâter de faire appliquer, en l'état actuel, les traitements au sulfure dans les vignobles plantés en terres compactes et fortes, retenant l'eau en excès et dans lesquels la circulation des vapeurs est très difficile, sinon impossible ; et c'est beaucoup le cas de bien des vignes des basses plaines du Zéramna et du Saf-Saf, dans lesquelles il sera bon de procéder avec la plus grande prudence.

La nature du sol n'est pas la seule condition influent sur le succès des traitements culturaux, l'état de ce sol est encore à considérer.

On a observé, en effet, que dans un sol divisé fraîchement remué, les vapeurs de sulfure de carbone s'évaporent rapidement, s'échappent facilement dans l'atmosphère, au lieu de se diffuser plus ou moins profondément dans la couche arable ; de là, l'indication formelle de ne pas procéder aux traitements culturaux ausitôt après les labours ou de les faire immédiatement après ; et cette indication est d'autant plus à suivre qu'il est aujourd'hui bien démontré qu'une certaine densité de la couche supercielle du sol, alors que les couches profondes sont perméables, est indispensable pour assurer l'efficacité du traitement.

Bien des vignerons ont la malheureuse pensée de croire qu'il suffit de traiter seulement les taches apparentes dans un vignoble envahi ; ils estiment que le sulfure de carbone produisant son effet sur ces points attaqués, il n'y a pas lieu de se préoccuper des autres points, dont l'apparence saine écarte de leur esprit toute suspicion de maladie.

Et cependant, d'une façon à peu près absolue, on peut affirmer que dans tout vignoble où a été reconnue une tache apparente, l'insecte poursuit son œuvre de destruction, non seulement sur cette tache, mais encore sur bien d'autres points, indemnes en apparence.

C'est pour n'avoir pas voulu admettre cette particularité scientifique, confirmée par l'expérience, pour n'avoir pas voulu, par suite, traiter immédiatement après l'invasion l'ensemble de leur vignoble envahi, que bon nombre de propriétaires l'ont vu disparaître par parcelles, par morceaux, alors que leurs voisins, mieux inspirés, ayant commencé immédiatement les *traitements d'ensemble*, n'ont éprouvé aucune difficulté à se défendre.

Et c'est peut-être là qu'existera le grand danger pour la région de Philippeville; il pourra s'y produire, en effet, ce fait désastreux que bon nombre de viticulteurs intelligents, soucieux de leurs intérêts, après avoir, par des traitements d'ensemble, considérablement diminué le nombre d'insectes dans leurs vignobles, les verront envahis, chaque année, par de nouvelles invasions provenant de vignes voisines abandonnées, non traitées.

Quelles sont les doses à appliquer ? L'expérience a démontré qu'il était toujours dangereux d'employer le sulfure de carbone, en traitement cultural, à des doses dépassant 20 grammes par mètre carré. D'autre part, on estime que les petites doses à raison de 4 ou 6 grammes, mais réitérées et injectées dans les trous espacés seulement de 50 centimètres, donnent de meilleurs résultats que les doses uniques de 15 à 18 grammes, dans les trous distants de 80 centimètres.

On a remarqué, en effet, qu'avec une dose de 20 grammes par mètre carré, appliquée en une seule fois on laisse encore dans le sol, environ 8 pour cent d'insectes vivants, tandis qu'avec la même dose appliquée en deux fois, c'est-à-dire à raison de 10 grammes chaque fois, à huit ou dix jours d'intervalle, on fait disparaître la presque totalité des insectes.

La profondeur à laquelle l'injonction doit être faite varie suivant qu'on traite dans un sol perméable, léger ou dans un terrain fort argileux. Mais, d'une façon générala et pour des distances horizontales égales, on trouve toujours moins de sulfure de carbone à des pronfondeurs de 10, 20, 30 centimètres qu'à une profondeur de 40 centimètres ; les quantités décroissent ainsi du fond du trou à la surface ; au-dessous, au contraire, on n'observe plus cette décroissance ; de là l'indication qu'il est inutile d'enfoncer le pal à une profondeur dépassant 40 centimètres ; il est même de beaucoup préférable de ne pas dépasser 20 à 25 centimètres surtout dans les terres légéres, alors qu'il faut atteindre au moins 30 centimètres dans celles qui sont fortes, argileuses.

D'une façon absolue, il est nécessaire de distribuer

le sulfure uniformémeat dans tout le sol ; la quantité doit être calculée par mètre carré et non par souche ; ce n'est pas du nombre de pieds que l'on doit tenir compte dans le traitement, mais bien de la surface du sol que les souches occupent ; quel que soit le mode de plantation, les dosages doivent toujours être proportionnels à cette surface.

Le nombre de trous d'injection ne doit jamais être moins de deux par mètre carré ; on peut le porter jusqu'à 3 et 4 ; la moyenne, celle adoptée par la pratique, varie entre deux et trois ; elle assure des effets insecticides complets dans les terres perméables ; dans les terres fortes, compactes où la diffusion se fait mal, il faut mieux porter à quatre le nombre de trous, en diminuant naturellement la dose par trou. Lorsqu'un des trous d'injection tombe sur un pied de vigne, il faut avoir le soin de le dévier d'environ 10 centimètres de sa position normale afin de ne pas blesser la souche. Le trou percé, à cette petite distance des ceps de vigne, doit être pratiqué à une minime profondeur, 8 à 10 centimètres ; l'injection faite à ce niveau ne peut pas nuire à la souche ; elle assure en même temps, beaucoup mieux que si elle était profonde la destruction des phylloxéras qui se trouvent au collet de la plante.

Contrairement à cette opinion, qui a généralement cours, il n'y a pas de saison pendant laquelle on ne puisse appliquer les traitements culturaux ; ceux-ci peuvent être faits en toutes saisons ; il n'est besoin, dans la pratique, que de se préoccuper de l'état du sol, de sa nature, de l'état de la vigne.

L'examen de l'état du sol est, pour le viticulteur, de la plus grande importance, car il le guide de la façon la plus sure dans le choix du moment le plus favorable aux traitements. Un terrain légèrement humide, perméable dans la couche arable, mais raffermi à sa surface, formant une sorte de croûte un peu compacte, réalise les conditions les meilleures pour la bonne répartition des vapeurs du sulfure de carbone et leur facile diffusion.

Nous avons vu d'ailleurs, dans la première partie de cette étude, qu'il ne faut jamais traiter dans un sol détrempé pas plus qu'après un labour ou un pâturage.

Les froids sur le littoral ont presque cessé, la végétation ne va pas tarder à partir ; les bourgeons, surtout sur les coteaux exposés au soleil levant gonflent sensiblement. Les viticulteurs de Philippeville traitant culturalement leurs vignes agiront prudemment en observant soigneusement tous ces symptômes précurseurs du débourrage ; il importe, en effet, au moment de la pousse de suspendre toute application de sulfure, car elle a presque toujours pour résultat fâcheux de suspendre le débourrage et souvent même de dessécher le bourgeon.

On a considéré pendant longtemps les traitements d'été comme dangereux pour la vigne et, par suite, on a recommandé de ne pas les appliquer. L'expérience a démontré aujourd'hui l'erreur de cette doctrine, et partout, dans les régions contaminées on est revenu de ces préventions que rien ne justifiait.

C'est ainsi que dans la Gironde, le Beaujolais, le Roussillon, plus particulièrement, on traite d'une façon courante, de juin jusqu'en octobre. Cette pratique s'impose presque, du reste, quand les taches se révèlent à cette époque, car elle a le grand avantage d'empêcher les ceps de mourir dans le courant de la campagne et de faire gagner en trois ou quatre mois une année de régénération. C'est au moyen de traitements d'été à la dose de 24 grammes, en deux applications, qu'on a pu conservé la plupart des vignobles placés sur les côteaux secs et caillouteux du Rhône ; c'est par le même moyen que l'on a maintenu pendant près de dix ans, à Collioure, des vignes phylloxerées plantées en côteaux dont la profondeur du sol meuble, sur bien des points, ne dépasse pas 25 centimètres.

Nous avons vu que le sulfure de carbone injecté dans le sol tend à se répartir à peu près uniformément en s'accumulant, surtout à une profondeur de 40 centimètres ; mais cette répartition, cette diffusion, aussi bien dans le sens horizontal que dans le sens vertical, ne se produisent qu'autant que l'orifice qui a permis l'introduction du pal a été soigneusement bouché ; sans cette précaution, tout à fait indispensable, les vapeurs du sulfure se dégagent rapidement au dehors ; l'orifice de pénétration du pal doit donc être immédiatement bouché fortement, la terre étant tassée tout autour aussitôt que l'ouvrier a retiré l'instrument ; cette opération se fait aisément au moyen d'une barre en bois munie à son extrémité inférieure d'une tête arrondie en métal.

Toutes les vignes traitées culturalement doivent être fumées abondamment, copieusement ; ces fumures sont indispensables non parce que le sulfure de carbone appauvrit le sol, le stérilise, ainsi que certains l'ont prétendu, mais parce qu'en apportant aux racines des vignes affaiblies une nourriture abondante et facilement assimilable, elles permettent au végétal un développement plus rapide et plus grand.

L'INSTRUCTION PRIMAIRE

DANS LES CAMPAGNES

Nous entendons souvent des gens, toujours prêts à tout critiquer, se plaindre que des dépenses faites en faveur de l'instruction primaire dans nos campugnes ne sont pas suffisantes.

A leur avis, nos maisons d'école laissent à désirer, ne sont pas assez nombreuses ; nos instituteurs n'ont pas encore la situation qui leur convient.

Il me semble, cependant, qu'il serait difficile de faire mieux qu'ont fait nos diverses communes du département, pour la construction et l'installation de leurs groupes scolaires.

Je me rappelle l'école où je suis allé tout enfant. C'était une vieille maison mauresque, placée tout près de l'église, elle aussi, construction maure, dont les voûtes menaçant ruine, étaient soutenues par d'énormes piliers en briques blanchis à la chaux.

Située en contre-bas de la rue, nous descendions dans l'unique salle comme dans une cave, par un escalier dont les marches en pierre, polies par le temps et l'usage, nous procuraient de bien désagréables glissades.

Quel magnifique cellier aurait pu y installer nn vigneron ? Nous y grelottions jusqu'au moment où le siroco venait en réchauffer les murs épais.

Et quand je la compare, dans mes souvenirs, à celles d'aujourd'hui où l'air et le soleil pénètrent à chaque heure du jour, rendant par leur riante clarté les heures d'études plus gaies et moins longues, je suis heureux de ces transformations amenées par le progrès pour le bien-être de nos enfants.

La situation des instituteurs a changé dans les mêmes proportions ; les gens de bonne foi en conviendront avec nous. Qui pourrait nier, du reste, quel est l'objet des préoccupations constantes de notre Gouvernement républicain et que, si toutes les légitimes aspirations de nos dévoués instituteurs n'ont pas encore été satisfaites, il faut s'en prendre seulement aux difficultés financières de ces dernières années.

J'imagine que ces mécontents de parti-pris ne se rappellent où ne veulent pas se rappeler de quelle façon se donnait, il y a juste un siècle, l'instruction primaire dans nos villages ; peut-être même paraissent-ils ignorer quelle était alors la triste situation de ceux qu'on appelait les maîtres d'école. Ils devraient se souvenir cependant qu'à cette époque qu'ils semblent regretter, l'enseignement du peuple était la moindre préoccupation de la royauté ; ce soin était laissé aux curés, aux évèques, aux congrégations.

Aussi, dans certaines régions de France, notamment dans l'Ouest, le nombre des illettrés était-il considérable. Dans le centre même, les gens qui savaient lire et écrire étaient en grande minorité. Dans le Bourbonnais, il n'y avait pas dix-sept personnes sur cent qui, le jour de leur mariage signassent leur nom ; dans l'Auvergne, la Marche, le Limousin on ne trouvait pas une école par vingt villages.

Quand aux maîtres, leur situation était misérable et leur recrutement difficile. Il n'existait pas alors d'écoles normales pour former les instituteurs. Le premier venu, faute d'un autre gagne-pain, pouvait embrasser cette profession : il lui suffisait de passer un examen sommaire devant une personne désignée par l'évêque. Puis, muni de sa permission d'enseigner, le pauvre diable s'en allait par les chemins cherchant une place. Il y avait des maîtres d'école ambulants. En Provence, il existait une foire aux instituteurs, comme en Normandie une foire aux maîtres-valets de ferme.

La profession de maître d'école était, en outre, peu lucrative. Le plus souvent les instituteurs étaient payés en nature ; quelquefois on leur donnait des sommes dérisoires, comme vingt à vingt-cinq sols par an, pour chaque élève.

Aussi, étaient-ils obligés pour vivre de cumuler toutes sortes de fonctions et de métiers. Ils étaient tour à tour sacristains à la disposition du curé, fossoyeurs, sonneurs de cloches, secrétaires, barbiers, tailleurs, etc.

Les maîtres d'école étaient, du reste, loués à l'année, comme les valets de ferme. A l'expiration de leur engagement, ils devaient tâcher d'en obtenir le renouvellement, et, pour arriver à ce résultat si désiré, il leur fallait régaler, payer à boire à l'un et à l'autre. Ils dépendaient d'ailleurs de tout le monde, de la municipalité, du curé, de l'évêque qui pouvaient toujours leur retirer leur autorisation d'enseignement.

Misérablement logés, ils n'avaient parfois pas de salle d'école et étaient obligés de faire la classe dans la pièce unique où ils dormaient et mangeaient. On comprend que l'instruction que donnaient ces pauvres malheureux ne pouvait pas être très étendue. Elle consistait à peu près uniquement à faire répéter sans cesse l'alphabet ou *Croix de par Dieu*.

La plupart des tolbas ne procèdent pas autrement dans nos douars de l'intérieur.

Que nous sommes loin de ces temps et de ces choses et combien beaucoup ont raison, quand ils voient dans ce pitoyable état de l'instruction des campagnes, avant 1789, l'explication de bien des erreurs de la Révolution.

LA
SÉCURITÉ DANS LES CAMPAGNES

Il n'est pas rare d'entendre les habitants des villes se plaindre du nombre sans cesse croissant des mendiants et vagabonds, arrêtant un peu partout le passant, au coin des rues, à l'entrée des maisons.

Ces plaintes ne sont pas sans quelque apparence de raison ; cette année surtout, c'est une véritable invasion de gens prétendant manquer de travail qui semble se produire dans les villes ; il est à remarquer que le plus grand nombre de ces ouvriers se disant sans travail appartiennent à des nationalités autres que la nôtre.

Les indigènes figurent dans ce groupe pour un chiffre relativement peu élevé.

On paraît peu se douter que le même fait se produit dans les campagnes en entraînant des conséquences beaucoup plus graves.

Ces mendiants, en effet, ces vagabonds dans la ville ne sont qu'importuns ; s'ils arrêtent quelqu'un au passage, ce n'est qu'avec un semblant de timidité et après s'être bien assurés qu'ils ne peuvent être aperçus par un agent de police.

Si vous leur refusez une aumône que vous avez déjà donnée plusieurs fois sur votre route, ils se retirent, peut-être en maugréant, mais sans manifester trop ouvertement leur mauvaise humeur. Ils savent bien que la répression ne se ferait pas longtemps attendre et ils sont prudents.

Il n'en est pas de même dans les campagnes. Chez nous, mendiants et vagabonds, prétendus ouvriers, qui refusent toujours le travail qu'on leur offre, prétextant qu'il n'est pas assez payé ou qu'en sortant de l'hôpital ils sont encore trop faibles, ne voyagent jamais seuls ; ils vont par groupe de deux ou trois, l'un se détachant à l'approche d'une ferme pour reconnaître les lieux, l'autre ou les autres attendant comme s'ils voulaient prêter main-forte au premier.

Ils errent partout ; ce sont des rouleurs bien connus, tous ayant leur grade bien défini, établissant le degré d'habileté auquel ils sont parvenus dans la pratique du vagabondage ; ils frappent en maîtres à nos portes, deviennent à peu près polis, s'ils s'aperçoivent que la ferme est bien gardée, sont arrogants et menaçants, au contraire, si les hommes étant au travail, l'habitation est confiée à la seule garde des femmes et des enfants.

Souvent aux menaces, ils ajoutent la violence, sans que la justice en soit informée, sans que la presse locale en soit avertie.

Et comment en serait-il autrement ?

Les fermes isolées sont loin du village ; le garde champêtre ne peut se trouver dans toutes à la fois ; la brigade de gendarmerie est le plus souvent très éloignée, et avant qu'ont ait pu la prévenir, le vagabond sera déjà bien loin ; il a beaucoup de chances d'échapper aux recherches, et si on le dénonce, ne l'excitera-t-on pas à se venger, soit par de nouvelles violences, quelquefois par l'incendie au moment des moissons.

Mais ces faits sont connus des voisins de la victime et plus ils sont impunis, plus ils répandent de terreur dans les campagnes.

Vous rappelez-vous ce crime épouvantable commis à Morris, il y a peu de temps encore, sur une jeune fille française, par cet indigène condamné à mort et qui, je l'espère bien, ne sera pas gracié?

N'est-ce point la terreur que l'on avait de lui, qui avait empêché les colons de la région, les indigènes ses voisins de le dénoncer à la justice?

Et au dernier moment, devant le jury, alors qu'il était entre les gendarmes, les témoins ne tremblaient-ils pas en faisant connaître ses divers crimes?

Il en est partout ainsi. On est éloigné d'un village, d'une ville; on a été une première fois victime d'une tentative de vol, les soupçons sur l'auteur du crime sont le plus souvent justifiés et partagés par les voisins; mais on ne dit rien cependant; le soupçonné n'a pas été arrêté. Les preuves ne sont pas suffisantes et on a peur non seulement du criminel, mais encore de sa famille, de ses parents, si s'est un indigène.

S'aura-t-on jamais combien de colons ont abandonné l'exploitation directe de leur propriété à cause du peu de sécurité qu'ils y avaient trouvée, des vols nombreux dont ils avaient été victimes, l'appréhension qu'ils éprouvaient de trouver leur famille assassinée au retour d'un voyage à la ville ou au village.

N'est-ce point une chose monstrueuse que celle qui consiste à servir encore, dans quelques régions de notre province, en pays arabe, une sorte de rente plus ou moins élevée à certaines familles qui vous assurent en revanche la sécurité et sauront au besoin moyennant une récompense à débattre, vous faire ramener le bétail qui nous aura été volé ?

Il existe cependant ce contrat et bien des colons de ma connaissance sont encore heureux de le signer pour sauvegarder leur vie, celle de leur famille, leurs biens, des tentatives de meurtre ou de vol des maraudeurs ou vagabonds dans certaines régions.

Quelle existence que celle du colon qui, après les labeurs d'une journée bien remplie, ne peut s'endormir qu'en songeant que le khammès qui l'a aidé dans la journée, que le vagabond qui est venu mendier à sa porte le même jour sont peut-être en train de percer le mur de son écurie, de son magasin pour tenter de lui voler son bétail, son grain.

Certainement la gendarmerie opère des arrestations fréquentes partout où elle est assez nombreuse pour pouvoir surveiller ; mais combien de villages importants en sont encore privés.

Je connais des régions où l'on compte juste une brigade de gendarmerie sur un parcours de plus de cent kilomètres ; et, cependant, sur cette vaste étendue, sont quelques villages, de très nombreuses fermes isolées, placées au milieu de populations indigènes turbulentes, pillardes, dont les conteurs ne manquent jamais de rappeler l'heureux temps où les voleurs les plus adroits apportaient à la tente considération et fortune.

C'est surtout dans cette région que se pratique le rachat des animaux volés, au moyen du dixième ; l'opération se fait très couramment, et il est peu de colons ne sachant pas à quel intermédiaire ils doivent s'adresser en pareille circonstance.

Que faudrait-il pour débarrasser nos campagnes algériennes de cette plaie de mendiants et de vagabonds ? Comment arivera-t-on à faire disparaître ces nombreux récidivistes indigènes que la famille, les voisins cachent toujours avec soin, soit par peur, soit qu'ils aient leur part du produit des vols commis ?

Certainement, par l'augmentation du nombre des brigades de gendarmerie et par l'application sévère et rigoureuse de l'art. 272 du Code pénal concernant les étrangers nomades et vagabonds et qui prononce leur exclusion du territoire français ; cette dernière mesure en même temps qu'elle nous débarrasserait de gens souvent fort dangereux, permettrait aux vrais ouvriers français de trouver plus facilement et à des meilleures conditions le travail qu'ils réclament.

Je n'insisterai pas davantage sur une question qui, pour être traitée d'une façon complète, m'entraînerait à des développements que ne comporte pas une simple causerie ; je crois devoir cependant, en terminant, engager les Sociétés agricoles de notre département à s'en occuper d'une façon active ; le résultat de leurs études, communiqué à nos Conseillers généraux, à nos Représentants, amènerait l'application de mesures qui, en nous donnant la sécurité dans les campagnes, augmenterait le développement de la colonisation.

———————— ✳ ————————

DE L'ADMISSION DANS NOS COURSES

DES

CHEVAUX DE PUR SANG-ANGLAIS

ANGLO-ARABES OU ANGLO-BARBES

Dans sa dernière réunion de mars, la Société d'encouragement et des courses de Constantine avait longuement discuté sur l'opportunité de l'admission dans la plupart de ses courses des produits anglo-arabes et anglo-barbes.

Un membre très autorisé de cette Société faisait observer, avec raison, qu'il serait peu juste de les exclure dès l'instant qu'ils sont primés dans les divers concours subventionnés par l'Etat ; il affirmait même, et on peut ajouter la plus entière foi à ses paroles, que des instructions avaient été données pour que les jurys leur accordassent, à mérite égal, la préférence sur les chevaux de race barbe.

La Commission de cette Société s'est trouvée naturellement embarrassée. Si d'un côté elle a toujours et très énergiquement protesté contre l'introduction dans ses courses de produits issus de croisements anglais, il lui répugnait, d'autre part, de vouloir paraître léser les intérêts d'un petit nombre d'éleveurs ayant cru, pour raisons diverses, devoir se livrer à l'élevage de ce genre de chevaux.

La discussion, nous le répétons, a été longue et chaude, paraît-il. Les partisans des anglo-arabes et anglo-barbes avaient le désir de les faire admettre dans toutes les courses sans distinction, sous la réserve de certains rendements de poids et d'avance ; leurs adversaires, non moins absolus, concluaient à l'exclusion de ces produits, même dans les courses subventionnées par le Ministère de l'agriculture.

En dernier lieu, la Commission a sagement décidé, à mon avis, que cette année encore et à cause de leur petit nombre dans le département, les produits anglo-arabes et anglo-barbes seraient seulement admis dans les courses subventionnées par l'Etat ; la Société organisera, deux courses dans lesquelles ils seront seuls appelés à prendre part.

J'ai dit que la Commission avait sagement décidé et il me semble difficile qu'on n'approuve pas sa décision quand on observe ce qui se passe dans notre province et aussi dans celle d'Alger.

La grande majorité des éleveurs européens et indigènes dans notre département produit et élève le cheval barbe, tandis qu'on y compte, tout au plus, vingt propriétaires possédant des produits issus de croisements anglais âgés seulement de deux et trois ans. En admettant ces chevaux à certaines courses concurremment avec les barbes qu'ils battraient peut-être grâce à leur qualité de vitesse, la Société serait arrivée à favoriser une minorité peut-être très intéressante d'éleveurs, mais ne constituant en somme qu'une faible minorité.

Et puis ces quelques rares éleveurs de notre province seraient-ils bien ceux qui profiteraient de cette situation nouvelle. J'oserai presque affirmer que de même que sur beaucoup d'autres hippodromes ils arriveraient juste à temps au poteau d'arrivée pour voir les propriétaires d'une ou deux écuries des environs d'Alger, serrer dans leur portefeuille le produit des subventions communales et des cotisations des éleveurs du département de Constantine.

On m'accordera que la Société des courses de notre ville n'a pas précisément pour mission d'encourager certaines industries créées en dehors du département.

Cet argument tiré du désavantage que présente pour les chevaux barbes la course commune a bien sa valeur puisqu'à Alger même où la théorie de l'amélioration par le cheval anglais a fait ses débuts, où elle est encore en grande faveur, les éleveurs de la race barbe commencent à manifester leur mécontentement contre l'organisation des courses en général ; ils viennent, en effet, de protester, d'après le bulletin hippique contre la moisson un peu trop abondante faite à leur détriment par une écurie de courses ayant créée à coups de gros sacs d'écus un certain nombre de chevaux anglo-arabes et anglo-barbes.

Il y a beau temps qu'ils auraient dû élever la voix et toutes les fois que j'ai assisté aux courses d'Alger je me suis retiré en songeant qu'il fallait qu'ils en eussent bien envie pour faire courir leurs chevaux dans les conditions désavantageuses que tout le public pouvait apprécier.

Partout, du reste, où je l'ai pu, j'ai signalé ces courses comme un véritable leurre funeste aux éleveurs de chevaux barbes. Et si ces éleveurs, notamment ceux de Constantine et de Sétif, avaient bien voulu écouter mon avis, ils se seraient depuis longtemps abstenus d'envoyer leurs chevaux sur ces hippodromes ; c'était la meilleure des protestations, celle qui aurait produit le meilleur résultat car les Sociétés des courses désireuses de favoriser l'élevage du pur sang anglo-arabe ou anglo-barbe auraient bien été obligés de modifier leurs programmes en présence de l'abstention des éleveurs de chevaux barbes, ils se seraient décidés alors à faire courir les anglo-barbes seuls, et les barbes seuls.

Je n'ai pas l'intention d'aborder ici le fond de cette grave question : le produit anglo-barbe vaut-il mieux à tous les points de vue que le barbe pur ? Est-il préférable pour l'amélioration de cette dernière race d'avoir recours immédiatement à son croisement avec le cheval de pur sang anglais ou anglo-arabe ? Et comme conséquence faut-il abandonner toute idée d'amélioration du cheval barbe par sélection.

Le sujet est beaucoup trop délicat pour être traité, comme il conviendrait à la fin d'une modeste causerie agricole. J'y reviendrai prochainement.

Je tiens cependant à constater aujourd'hui que l'exemple de l'emploi du cheval de pur sang anglais ou anglo-arabe comme améliorateur, donné par un ou deux propriétaires de la province d'Alger, n'a pas encore été beaucoup suivi, quoiqu'il remonte déjà à une dizaine d'années.

Ce qui est encore incontestable, c'est que chez nous les éleveurs indigènes ne veulent que très difficilement livrer leurs juments aux étalons qui ne sont pas de race barbe et que s'ils s'y décident quelquefois, ce n'est que parce qu'ils ne peuvent faire autrement.

Je ne veux point terminer cette causerie sans faire connaître combien la nouvelle du remplacement de

M. de Ganay, inspecteur général des Haras en Algérie, a été apprise avec regret par tous ceux qui s'intéressent à la production et à l'élève du cheval dans notre province. Ses grandes connaissances, ses appréciations savantes et exactes sur la valeur de notre race barbe, les qualités qu'elle possède et le grand parti qu'on peut en tirer, lui avaient acquis l'estime et la considération de tous, en même temps que son affabilité lui avait attiré de nombreuses et sincères sympathies.

La Société d'Encouragement et des Courses de Constantine avait décidé, dans sa dernière réunion, de lui offrir la présidence d'honneur de son grand concours départemental prochain ; elle avait tenu, dans la circonstance, à lui marquer toute sa respectueuse sympathie. Cette délibération restera comme un témoignage du bon souvenir que le trop court passage que M. de Ganay a laissé parmi nous dans le département de Constantine.

ÉMIGRATION A LA PLATA

Depuis quelque temps, j'entends vanter autour de moi les nombreux avantages que les émigrants trouvent à La Plata ; il se fait sur ce sujet une véritable réclame américaine, et quelques colons algériens si étant laissé prendre, paraît-il, ont quitté notre pays pour aller s'établir dans la République Argentine.

Certains publicistes en ont pris texte pour faire un sombre tableau de la situation économique de notre Algérie et en conclure à l'entière responsabilité de l'Administration.

Il n'entre pas dans mon esprit de me constituer le défenseur de celle-ci ; je ne voudrai pas essayer de démontrer que tout a toujours été pour le mieux dans l'organisation de notre pays ; mais il me semble, à moi simple colon et algérien, qu'il est aussi injuste que maladroit de vanter exagérément, d'une part, les ressources offertes de La Plata, et de prétendre, d'autre part, qu'on n'a rien fait pour la colonisation en Algérie.

Je me rappelle parfaitement qu'avant 1870, bien des terres aux environs d'Alger, à la Maison-Carrée, étaient encore incultes ; à la sortie de Blida, dans la direction de Marengo surtout, les palmiers-nains faisaient, à droite et à gauche, le plus bel ornement de la plaine et servaient à alimenter les fabriques importantes de crin végétal installées à la Chiffa, à El-Affroun, à Blida ; le Sahel n'avait été que peu défriché, et si l'on parlait quelquefois de Fouka, de Castiglione, c'était surtout pour s'y donner des rendez-vous de chasse au sanglier.

La plaine de la Seybouse, dont les vignes font actuellement l'admiration de tous les voyageurs, était à peu près inculte ; les coteaux de Philippeville, si remarquables aujourd'hui par leurs nombreux vignobles, ne contenaient guère que des lentisques et des oliviers non greffés.

On n'avait, du reste, qu'une maigre confiance dans l'avenir de la propriété rurale ; les terres, pour la plupart, étaient utilisées pour l'élevage et le commerce du bétail et ne trouvaient que difficilement acquéreurs lorsqu'elles étaient un peu éloignées des centres importants. L'histoire de concessions refusées dans la Mitidja en 1855, en 1860, sous le prétexte qu'elles étaient éloignées d'Alger ou de Blida, est absolument vraie ; certaines d'entre elles valent aujourd'hui plus de 200,000 francs.

La vraie colonisation ne date, à mon avis, que de 1872 ; alors seulement, les algériens s'attachèrent au sol sur lequel ils étaient nés, parce qu'ils eurent la certitude que ce sol ne cesserait pas d'appartenir à la France, dont il était devenu comme un département, parce que disparut cette idée de la première heure que l'Algérie pourrait être à un moment abandonnée ou que tout au moins une partie du littoral seulement serait conservée.

La crise économique et l'invasion phylloxérique

nous amenèrent alors de France de nombreux immi-
grants. Presque tous se sont implantés à jamais sur
notre sol. Leur nombre eût été certainement plus
grand si on avait pu, si on pouvait encore mettre à
leur disposition les terres nécessaires ; mais c'est là
surtout que se rencontre la grande difficulté que
beaucoup ne paraissent pas soupçonner et qui ne se
retrouve pas à La Plata.

En Algérie, nous avons trouvé la terre solidement
occupée par un peuple énergique, essentiellement
agriculteur, la possédant soit à titre individuel, soit
à titre collectif. Déposséder ces premiers occupants
n'était point, n'est pas encore chose facile ; constituer la propriété individuelle de façon à permettre
des transactions rapides et sûres est une œuvre
coûteuse et de longue haleine ; une partie, enfin,
peut-être la plus riche, la plus fertile et la plus saine
de l'Algérie, la Kabylie, est entre les mains d'indigènes qui la possèdent au titre melk et la conservent
avec autant d'âpre ténacité que peut en avoir le pay-
san français.

Dans la République Argentine, comme dans tous
les États du nord ou du sud de l'Amérique, la terre
a appartenu aux premiers émigrants ; les premiers
possesseurs, qui tendent de plus en plus à disparaître, ne la leur ont que faiblement disputée ; la première, la plus grande difficulté était vaincue de ce
fait, alors qu'elle est encore bien loin d'être résolue
chez nous.

Un de ces publicistes s'étonnait récemment de voir
les produits de la terre en général être aussi peu rémunérateurs chez nous, alors qu'ils le sont, affirme-
t-il, au plus haut degré dans la République Argentine.

J'ai de la peine à comprendre cet étonnement ; l'avilissement du prix des matières agricoles n'existe-t-il pas en général un peu partout ? En France, n'est-il pas la préoccupation constante de tous ceux qui s'occupent d'agriculture ? Et cet avilissement n'est-il pas précisément déterminé par le bas prix des produits culturaux qui nous arrivent des pays tels que l'Inde et l'Amérique ?

L'assertion ayant trait à la haute valeur des produits animaux à La Plata ne me persuade pas, car je suis certain qu'en 1887, le prix d'un veau n'y dépassait pas 30 à 35 francs et qu'une vache ou un bon bœuf ne s'y vendait pas plus de 90 à 100 fr. Je sais encore qu'à la même époque, les animaux abandonnés à eux-mêmes dans la Pampa y périssaient à raison de 20 pour 100, par suite du froid, de la sécheresse, des maladies, des accidents.

D'autre part, on n'ignore plus aujourd'hui que, si certaines industries permettent à quelques-uns de vivre honorablement dans la République Argentine, la grande majorité des émigrants est loin d'y trouver les ressources qu'on leur avait fait espérer. Les logements, les vêtements, tous les besoins de la vie matérielle y sont d'une cherté inouïe, et tel ouvrier qui y gagne 15 francs par jour, arrive plus difficilement à y vivre qu'en France, où sa journée lui était payée à raison de 6 francs. L'immigration italienne qui s'y porte très nombreuse depuis quelques années a créé pour l'élément français une concurrence redoutable par sa main-d'œuvre à prix réduit et beaucoup de nos compatriotes qui s'y étaient rendus, attirés par de mensongères indications, se sont empressés de revenir au pays natal.

Qu'espèrent trouver à La Plata ceux que cet exemple ne découragera pas, qui croiront en aveugles, en désespérés peut-être, aux fallacieuses promesses de recruteurs intéressés ? La fortune, le bien-être sans doute pour eux et leur famille ?

Il faut cependant bien qu'ils sachent qu'en débarquant à Montevideo, ils n'entendront plus parler leur langue, l'espagnole étant celle en usage ; il ne faut pas qu'ils ignorent que cette République Argentine qu'on leur dépeint comme une merveilleuse terre, d'une fertilité incroyable, partout boisée, partout traversée par de nombreux cours d'eau, est seulement colonisable sur les rives insalubres de son Parana, de son Uruguay et de son Paraguay. Sur tous les autres points, se trouve la Pampa, plus triste, plus déserte, aussi stérile que notre Sahara et ayant pour tout horizon les montagnes sèches et nues des Andes, ne versant à la plaine que des torrents insignifiants.

En venant chez nous, dans notre belle Algérie, l'émigrant français n'a pas quitté la Patrie : il la retrouve entière avec ses lois, ses coutumes, sa langue ; le Méridional y trouve le climat sous lequel il a grandi, la nature éclatante, harmonieuse, ensoleillée de la Provence ou de la Gascogne ; tous, nous y vivons sous la protection du drapeau à l'ombre duquel nous sommes nés et pour lequel nos aïeux sont morts.

LA CHASSE AUX ÉTOURNEAUX

Les moyens les plus variés sont proposés pour nous venir en aide dans l'œuvre de destruction des sauterelles. La commission instituée à Alger pour leur examen n'en a pas encore rencontré jusqu'à présent de réellement pratique. Il en est, paraît-il, de bien curieux, de bien bizarres et qui semblent démontrer de la part de leurs auteurs des notions bien imparfaites sur le mode d'existence de l'insecte et sa façon de se propager.

En attendant que l'on ait trouvé un procédé de destruction plus rapide et plus économique que ceux employés actuellement, on recommande un peu partout, même à la Société nationale d'Agriculture, l'importation dans notre pays d'oiseaux insectivores particulièrement friands de sauterelles.

Dans le sud de la Russie, où elles se montrent toutes les années en plus ou moins grand nombre, leur reproduction est limitée, affirme-t-on, par des myriades de merles roses qui les suivent en leur faisant une guerre acharnée. Ce bel oiseau rose et noir, velouté, est commun dans les cafés de Constantinople d'où il serait relativement facile de l'importer en Algérie.

On recommande également l'acclimatation du brillant cardinal rouge de la Louisiane qu'on trouve chez tous les oiseleurs de France.

Cet oiseau se nourrit presque exclusivement de sauterelles, paraît-il, surtout dans son jeune âge. Un éleveur de Bordeaux, M. Chiappella, a compté que chaque jeune cardinal exige cinquante-deux sauterelles pour son complet développement. Or, comme chaque ponte est de cinq œufs et que le cardinal fait quatre couvées par an, on voit qu'elles correspondent à une destruction de 1,040 sauterelles. C'est un joli chiffre.

Je suis loin de contester l'aide que pourraient nous apporter pour la destruction des sauterelles les merles roses et les cardinaux rouges, importés dans notre pays ; mais, comme je crains que leur arrivée et leur acclimatation se fassent encore longtemps attendre, il me semble qu'il serait prudent de ne pas détruire bêtement, comme nous le faisons, les oiseaux insectivores indigènes que nous possédons.

On a pris dernièrement des mesures administratives pour empêcher, dans de certaines limites, la destruction exagérée des allouettes, et on a bien fait. La chasse à ces oiseaux prenait des proportions désastreuses et le Comice agricole de Sétif a eu une heureuse idée en signalant le danger qui pourrait être la conséquence de leur disparition.

Il est, cependant, un autre oiseau, insectivore à un bien plus haut degré que l'alouette, en faveur duquel je n'oserai pas demander une protection légale, mais que je voudrais voir épargné par tous les chasseurs ; je veux parler de l'étourneau ou sansonnet, auquel on fait une chasse ridicule, s'expliquant seulement par cette raison que tout gibier, même lorsqu'il est d'une consommation peu agréable, paraît bon à tuer pour la généralité des désœuvrés possédant un fusil.

Ne voit-on pas ces mêmes désœuvrés s'en prendre également aux hirondelles qui, au temps passé, étaient les oiseaux sacrés de nos campagnes et considérés comme portant bonheur aux maisons sur lesquelles elles établissent leurs nids ? Je sais bien que ces prétendus chasseurs agissent le plus souvent par gloriole, pour montrer leur adresse et s'entretenir la main, disaient-ils ; mais s'ils manquent le plus souvent le but, l'intention et l'exemple n'en sont pas moins mauvais, les hirondelles portant réellement bonheur en ce sens qu'elles détruisent une quantité considérable d'insectes qui, tantôt nuisent à nos récoltes, tantôt blessent et irritent nos animaux domestiques.

Les étourneaux nous rendent les mêmes services, car s'ils sont un peu trop enclins à vendanger quand vient la saison ou à piquer les olives à leur maturité, ils font d'autre part une ample consommation de limaces, de vers, de scarabées, de taons et de sauterelles qui constituent la base de leur nourriture. Ils respectent toutes nos cultures de céréales ; le jour, on les voit parcourir les prairies humides, s'abritant derrière les troupeaux dont ils sont les fidèles compagnons, tandis que la nuit ils vont se blottir dans les roseaux des marécages.

On a souvent parlé de l'étourderie des sansonnets ; étourdi comme un étourneau est un proverbe banal qui jamais, je crois, n'a été plus mal appliqué. Il suffit, en effet, d'observer de près ces oiseaux pour se convaincre que peu se gardent aussi bien qu'eux. La nuit, ils se cachent par milliers dans les roseaux de quelque marais, ainsi que je l'indiquais tout à l'heure, ou bien encore dans les tamarins ou les saules qui bordent les cours d'eau.

Le matin et peu avant l'apparition du soleil, ils annoncent leur présence par un ramage assourdissant au milieu desquels percent des sifflements aigus. Bientôt ils s'élèvent, décrivent quelques courbes autour du marais, puis montent dans les airs et se séparent en bandes de dix à cinquante oiseaux, chacune se dirigeant vers tous les points de l'horizon pour ne se retrouver que le soir, dans le même ordre et avec la même ponctualité.

Du plus loin que les bandes isolées aperçoivent une forme humaine, elles s'envolent, mais sans se séparer et sans jamais beaucoup s'éloigner du lieu où elles avaient trouvé la nourriture nécessaire et vers lequel elles reviendront sûrement lorsque tout danger aura disparu. Examinez-les, au posé, dans les prairies ; vous les verrez toujours placées de façon à être protégées par le corps de nos animaux domestiques. Ce ne sont point là des procédés d'étourdi.

L'étourneau est-il un gibier tentant, pouvant faire figure même sur les tables les plus modestes ? Je suis d'avis que, quelle que soit la sauce à laquelle on le sert, il est loin de constituer un régal. Faute de grives, on mange des merles et faute de merles, on mange des étourneaux, disent quelques-uns, et ils sont dans le vrai, si toutefois sa chair dure, coriace, souvent amer, véritable manger de pénitence, du sansonnet satisfait leur goût.

Je me rappelle à ce sujet avoir lu le récit suivant, dont la conclusion peut s'appliquer sans restriction à tous ceux qui tuent sans discernement des oiseaux utiles. Un père de famille avait donné un fusil à son fils âgé de quinze ans et celui-ci, qui faisait ses premières armes, ne pouvait admettre que certaines espèces d'oiseaux dussent être épargnées. Il revint un jour triomphant avec cinq étourneaux qu'il avait qu'il avait tués dans son après-midi. Le père le félicita sur son adresse et lui promit que sa chasse lui serait exclusivement réservée au repas du lendemain ; cette promesse augmenta naturellement la fierté et la joie du jeune homme.

Le lendemain, en effet, la brochette lui fut servie ; mais à la première bouchée et avec une grimace bien significative, il repoussa son assiette en manifestant le désir de ne pas bénéficier davantage de sa chasse. « Allons donc, lui dit son père, il n'y a qu'un sot qui puisse ôter la vie à un oiseau qui, vivant, est très utile, et qui, mort, ne saurait profiter à personne ; tu ne voudrais pas te décerner à toi-même un brevet de niaiserie. »

Comprenant la leçon, le jeune homme s'exécuta, mais depuis lors manifesta pour les étourneaux un véritable respect.

Que n'en font autant certains porteurs de fusils dans les prairies du Khroub, des Ouled-Rhamoun et de bien d'autres localités du même genre recherchées par les sansonnets ?

PARASITE DES SAUTERELLES

Les semailles continuent à se faire dans d'excellentes conditions et seront bientôt terminées, au moins dans les régions les plus proches du littoral. Presque partout, assure-t-on, colons européens, indigènes, encouragés par le temps des plus favorables, s'efforcent d'emblaver la plus grande partie de leurs terres, soit en blé, soit en orge. Les craintes d'une nouvelle invasion de criquets paraissent être beaucoup moindres ; on espère, d'autre part, sur l'application d'énergiques mesures défensives dans le cas où le fléau apparaîtrait de nouveau.

A quel chiffre s'élèveront les surfaces ensemencées ? Il serait, à mon avis, très intéressant à connaître.

Etant donné qu'on sait, à peu de chose près, la quantité de semences nécessaire pour emblaver un hectare, il sera facile, par une simple multiplication de cette quantité par le total des hectares ensemencés, d'apprécier la somme strictement employée pour achat de grains de semences sur celle avancée dans ce but aux communes, aux propriétaires.

Il y aura, dans la comparaison faite ultérieurement, une sorte de statistique intéressante dont tout le monde comprendra l'utilité.

Le moment du remboursement arrivera fatalement ;

il sera intéressant de connaître, à cette époque, dans quelle mesure ont été profitables au pays les sacrifices considérables consentis par l'Etat et le département.

Cette statistique des surfaces ensemencées est faite, je le crois, chaque année, par les soins de la Préfecture ; elle s'impose aujourd'hui beaucoup plus urgente.

J'ai eu l'occasion d'examiner, il y a déjà plus d'un mois, des acridiens recueillis parmi d'autres observés en assez grand nombre aux environs de Sétif et de Mila.

Je ne suis pas assez fort entomologiste pour décider s'ils appartiennent à l'espèce acridienne ou à celle qui comprend le *stauronatus maroccanus*; mais, ce que je puis affirmer, c'est qu'ils ressemblent singulièrement à ceux qui nous ont, cette année, si malheureusement dévoré nos récoltes.

Et si ce sont bien les mêmes, que devient alors la théorie de l'éclosion neuf mois après la ponte ?

Vous savez que, suivant cette théorie, la ponte ayant lieu aux mois de juillet et d'août, l'éclosion doit avoir lieu en avril ou en mai, le *stauronatus* demandant pour ses œufs cette longue période d'incubation.

Il est juste de dire que son proche parent, l'*acridium peregrinum*, qu'on a déclaré non coupable, cette année, de la disparition de nos récoltes, est beaucoup moins paresseux, puisque les œufs, suivant la température, le degré de chaleur, éclosent quarante à cinquante jours après la ponte.

De ce fait, j'ai quelque méfiance que les criquets recueillis si prématurément sont ses descendants, et

qu'il pourrait bien ne pas être aussi étranger à notre
ruine qu'on a bien voulu l'affirmer.

Je n'ai certes pas la prétention de vouloir juger si
nos récoltes pourront être mangées en vert par le criquet pèlerin ou à mi-mures par le *stauronatus* ; je
laisse ce soin aux spécialistes compétents, je constate simplement un fait, qui nous a tous tracassés un
peu, nous cultivateurs, et j'en tire la conclusion que
nos cultures pourraient bien être menacées beaucoup
plus tôt qu'on ne l'a laissé supposer, si la fin de l'hiver et le commencement du printemps se présentaient
chauds et secs.

Il sera donc prudent de ne pas s'endormir dans la
croyance que la marée grouillante des criquets n'ap-
paraîtra qu'à l'heure officiellement indiquée ; toutes
les mesures générales ou de détail devront être assu-
rées à bonne heure, partout, mais surtout sur les
points où les pontes signalées n'ont pu être détruites,
malgré le ramassage.

Vers la fin de septembre, il était de croyance générale, chez les Arabes, que les sauterelles disparaî-
traient subitement, à un moment donné, attaquées
qu'elles seraient toutes par un ver particulier.

Habitué depuis longtemps à des prédictions de ce
genre, je n'y attachais aucune importance, et voici
que des observations scientifiques récentes viennent,
par une singulière coïncidence, me prouver que les
assertions des indigènes ne sont pas absolument in-
vraisemblables.

Vous allez en juger.

En Russie, un acridien, d'une coloration vert-jau-
nâtre, produit parfois par ses invasions des désastres
aussi considérables que chez nous. Un naturaliste,

M. Krassilstschick, qui s'occupe depuis longtemps de cette importante question, croit avoir trouvé le moyen de la résoudre en détruisant l'insecte par l'inoculation d'un champignon microscopique, qui vivrait sur lui en parasite.

Dans d'autres conditions et sur une autre espèce, c'est l'application d'un moyen identique à celui proposé par M. Pasteur pour la destruction des myriades de lapins qui sont en train d'obliger l'homme à reculer devant eux en Australie.

Un savant français, M. Brongniart, au mois d'octobre dernier, observait que certains acridiens périssaient en grand nombre sous l'influence épidémique, pardonnez-moi l'expression, d'un champignon infiniment petit, vivant sur eux en parasite. Il communiqua ses observations à l'Académie des sciences et lui proposa de l'utiliser comme moyen de destruction des divers acridiens.

La maladie, le parasite ensemencé sur les insectes, en se propageant, finirait par amener leur disparition, sinon complète, mais au moins leur diminution dans des proportions considérables.

Ce parasite, nommé *entomophtora grylii*, se développerait tout à la fois à l'intérieur et à l'extérieur du corps des acridiens.

Il me semble que le moyen indiqué par les observations de MM. Krassilstschick et Brongniart devrait être expérimenté en Algérie aussitôt le moment venu. L'opération de l'ensemencement ne peut être bien difficile et une fois enseignée par quelques personnes compétentes, pourrait être pratiquée sur tous les points du territoire.

La culture du parasite faite dans des conditions

spéciales, déterminées, donnerait toutes les quantités nécessaires à l'ensemencement, à l'inoculation de la maladie.

Et si les résultats de cette expérience étaient satisfaisants, quel soulagement pour notre pays, non seulement pour le présent, mais aussi pour l'avenir. Car enfin, il faut bien le dire, cette menace constante de voir nos récoltes détruites par des invasions comme celles que nous subissons depuis trois ans, n'est pas faite pour nous encourager à confier nos capitaux, nos forces, notre temps à la culture de nos terres.

On s'est beaucoup ému de l'apparition du phylloxéra en Algérie; on est encore très inquiet; on a eu, on a encore raison. Je suis d'avis, cependant, que les désastres qu'amèneraient des invasions fréquentes de criquets seraient autrement considérables. Le phylloxéra ne s'attaque qu'à la vigne; l'acridien ne respecte rien, laissant derrière lui la misère complète, quelquefois la famine, des maladies épidémiques redoutables.

Je me rappelle, à ce sujet, avoir entendu soutenir cette théorie que la feuille de vigne ne lui convenait pas comme nourriture. Il faut, pour soutenir une semblable thèse, avoir une bien imparfaite connaissance de l'insecte ailé ou non ailé. Les colons de Sétif, de Constantine, de Batna, savent à quoi s'en tenir à cet égard et je vous assure qu'il leur paraîtrait singulier qu'on vint leur tenir ce langage. Il serait, au surplus, dangereux de laisser s'accréditer cette opinion erronée, car elle pourrait peut-être amener les propriétaires du littoral à se désintéresser de la lutte. Il faut, au contraire, être bien persuadé qu'après avoir tout dévoré sur leur passage dans les

Hauts-Plateaux, les criquets, arrivés à l'âge adulte, ravageront les vignobles du littoral s'ils s'y abattent en grand nombre. Partout où il ne trouve pas à sa disposition des céréales, des légumes, des plantes vertes, le criquet ailé ou non ailé dévore les feuilles de la vigne, ses jeunes pousses, ses raisins.

On m'avait affirmé cette année, au moment de l'invasion, que certains vignobles récemment soufrés avaient été épargnés par ces insectes. J'ai soufré aussitôt abondamment un petit carré de ma vigne ; le résultat a été concluant : vignes soufrées ou non soufrées ont été également dévorées.

On s'est demandé si les criquets respectaient les arbres conifères, tels que cèdres, pins, cyprès et autres résineux ; je ne saurais me prononcer à cet égard ; je crois, cependant, que les pins et les sapins ont été généralement épargnés ; mais, je puis affirmer que mes casuarinas ont leurs gaines complétement dévorées, que frênes, ailantes eux-mêmes, acacias, saules et une petite plantation de ramie ont été entièrement dépourvus de leurs feuilles.

HYGIÈNE ALIMENTAIRE DU CHEVAL

Que d'accidents, que de coliques fréquemment suivies de mort on éviterait au cheval si on prenait la précaution de lui distribuer d'une façon plus rationnelle ses aliments, ses boissons.

C'est à ce point de vue que l'hygiène alimentaire du cheval nous a paru si importante, à ce moment surtout de multiplicité de travaux et de rudes fatigues des attelages, que nous nous sommes décidé à lui consacrer cette causerie.

Un mot d'abord, mais un simple mot de l'appareil digestif du cheval ; soyez sans inquiétude, nous n'avons pas l'intentions de vous faire un cours d'anatomie descriptive.

Figurez-vous, chez un animal de taille aussi grande, un petit estomac ne pouvant contenir au plus qu'une quinzaine de litres d'aliments, tant solides que liquides, sans être distendu outre mesure et exposé à se déchirer parce que, pour comble de malheur, il est conformé de tel façon, que le vomissement n'est pas possible ; imaginez-vous, à la suite de ce petit estomac, un intestin tellement long et développé, qui ne mesure pas moins de quarante mètres de longueur ; représentez-vous au milieu de ce tube deux immenses réservoirs dans lesquels s'accumulent les aliments, réservoirs tellement développés qu'ils occupent à eux seuls les trois quarts de la cavité abdominale dans laquelle ils flottent librement, exposés, par suite, à se tordre sur eux-mêmes en occasionnant un *volvulus* mortel.

Tel est l'appareil digestif du cheval.

Vous allez voir maintenant comment il fonctionne et vous vous rendrez facilement compte des troubles que peuvent causer les écarts de régime.

Un cheval de taille moyenne mange à son repas de 2 à 3 kilogrammes de foin, 5 à 6 litres d'orge et boit une dizaine de litres d'eau.

Tout cela ne peut pas tenir dans un estomac dont la capacité est de quinze litres ; le fourrage et l'orge y restent seuls pour y subir l'action des sucs gastriques ; l'eau s'engage immédiatement dans l'intestin et, après avoir parcouru un trajet d'environ vingt-cinq mètres, elle arrive dans les deux réservoirs dont je vous ai parlé ; elle ne séjourne donc pas dans l'estomac : elle ne fait qu'y passer. Mais si l'estomac est trop plein, par suite d'une alimentation surabondante, le liquide, rencontrant un obstacle et se trouvant en partie arrêté, peut distendre les parois de l'organe et occasionner une déchirure toujours mortelle, ou tout au moins des troubles digestifs, surtout lorsque le cheval a très soif et boit avec avidité.

Fait-on boire le cheval en rentrant de l'attelée ou dans le cours du travail, quand l'estomac est à peu près vide, des accidents sont également à craindre, pour peu que l'animal ait chaud et que l'eau soit froide. Dans ce cas, cette eau froide, absorbée en plus grande quantité qu'elle n'est débitée par l'intestin, remplit l'estomac, paralyse les contractions de cet organe et provoque des indigestions.

On comprend, dès lors, qu'il est prudent :

1° De ne pas donner à un cheval, pour chacun de ses repas, une ration plus forte que son estomac ne peut contenir ;

2° De ne pas attendre, pour le faire boire, qu'il ait consommé tous ses aliments solides ;

3° D'éviter, lorsque l'animal a très chaud et très soif, de lui laisser boire en très grande quantité et tout d'un coup de l'eau très froide.

Nombre de colons ont encore la déplorable habitude, que vous ne rencontrerez jamais chez l'Arabe, de faire boire leurs chevaux après leur avoir donné l'orge. Que se produit-il à la suite ? Il est facile de s'en rendre compte. Le cheval qui vient de manger, suivant le cas, six ou sept litres d'orge, boit avec d'autant plus d'avidité que, venant de manger, il est plus altéré. Cette eau arrive à flots dans l'estomac, passe immédiatement dans l'intestin, entraînant avec elle l'orge à peine machée, n'ayant pas encore eu le temps de subir l'action du suc gastrique, réfractaire, par conséquent, à l'absorption intestinale. De deux choses, l'une : ou cette orge, entraînée dans l'intestin sans préparation suffisante, va y jouer le rôle de corps étranger, irriter la mu-queuse et occasionner de la congestion et de l'inflammation, ou bien, c'est le moins qui puisse arriver, vous la retrouverez en grande partie intacte dans le crottin ; c'est autant de perdu.

Conclusion : il faut toujours faire boire les chevaux avant de leur donner l'orge, mais jamais immédiatement après.

La même règle s'impose quand on donne du son, dont on fait, il faut bien le dire, un véritable abus dans certaines écuries, notamment lorsqu'on remplit les mangeoires de son sec ou à peine frisé, pour la rentrée des chevaux à onze heures. Les animaux affamés, altérés, avalent cette substance hygrométrique, qui se tasse dans l'estomac et y forme une désagrégation difficile. S'ils viennent à boire par dessus, l'eau peut être arrêtée dans son parcours par le son tassé en boule, ou bien, elle entraîne ce dernier dans l'intestin où il va former des pelotes. Indigestion dans les deux cas, et l'indigestion causée par le son est la pire de toutes.

Je ne veux point dire pour cela que le son doive être entièrement proscrit, mais il convient de le donner en quantité modérée, cinq ou six litres, par exemple, délayés dans une égale quantité d'eau. Pour augmenter la valeur nutritive de ce barbotage, car il ne faut pas exagérer à cet égard la valeur du son, il est bon d'ajouter une ou deux poignées de farine d'orge.

La base de la ration alimentaire du cheval est le foin de prairie naturelle ou artificielle. Si ce foin n'a pas été récolté dans de bonnes conditions, s'il est poudreux, il est indispensable de le saler. Le sel est un aliment de première nécessité pour les herbivores aussi bien que pour les autres animaux ; les chevaux, comme les bœufs, auxquels on en distribue de temps en temps de petites quantités, s'en trouvent très bien ; ils montrent plus d'appétit, digèrent mieux, assimilent mieux, sont en meilleur état et moins sujets aux coliques.

En résumé, je crois que les cultivateurs feront sagement en suivant, pour l'alimentation de leurs chevaux de travail surtout, les règles pratiques suivantes :

Que ce soit le matin, au moment où charretiers et chevaux s'éveillent, que ce soit à onze heures ou le soir, au moment où ils rentrent du travail, voici comment doit être distribuée la nourriture :

Donnez d'abord le fourrage et laissez le cheval en manger pendant un quart d'heure ou vingt minutes ; cela lui permet de respirer, de souffler, de se ressuyer, s'il rentre du travail et qu'il ait chaud. Vous pouvez ensuite le laisser boire à sa soif ; il est inutile d'attendre plus longtemps ; le cheval, altéré, mange mal, la bouche est sèche, l'insalivation se fait incomplétement et la digestion est, par suite, moins facile ; une fois qu'il a bu, donnez-lui sa ration d'orge ; il la mangera et finira ensuite de tirer sur son foin.

Si à onze heures, au lieu de rentrer à l'écurie, vos chevaux sont obligés de manger à la musette, procédez de la même façon ; si vous n'avez pas de fourrage ou de paille à leur donner, laissez souffler pendant au moins vingt minutes ; faites boire et mettez-leur ensuite la musette. Laissez-leur amplement et en toutes circonstances le temps de bien manger ; il est indispensable qu'ils aient le loisir de bien broyer, de bien mastiquer leur orge ; c'est la première condition d'une bonne digestion.

Faites en sorte, une fois leur repas terminé et en vous mettant en route, de ne pas demander tout de suite à vos chevaux des efforts trop violents ; ne perdez pas de vue que l'orge qu'ils viennent de manger est dans leur estomac et qu'ils ont à la digérer ; prenez garde aux indigestions et aux déchirures qui en sont souvent la conséquence.

Lorsque la chaleur est très intense et que le travail est long et pénible, faites votre possible pour faire, boire, au moins une fois dans le courant de la demi-journée; vos chevaux peineront moins, leurs fonctions s'accompliront mieux et, en rentrant le soir, ils seront moins portés à boire une trop grande quantité d'eau et à se faire mal.

Criblez toujours avec soin l'orge et la paille brisée *(teben)* que vous donnez à vos chevaux.

CHAMPS DE DÉMONSTRATION

Les champs de démonstration, et c'est là un fait indiscutable, sont une institution essentiellement, absolument républicaine ; il appartenait, en effet, à notre Gouvernement républicain, si soucieux de tous les intérèts de notre agriculture, de compléter son œuvre de l'enseignement agricole par une œuvre non moins utile : celle de l'établissement de champs de démonstration. Il voulait ainsi faire toucher du doigt (pardonnez-moi l'expression) les résultats avantageux produits par des méthodes culturales meilleures, d'une valeur scientifique indiscutable.

En 1886, M. Gomot, alors Ministre de l'Agriculture, dans une circulaire adressée aux Préfets, leur recommandait cette création nouvelle, dont il leur indiquait tous les nombreux avantages ; son appel fut entendu autant qu'on pouvait le désirer : presque partout, aussitôt, les Sociétés d'agriculture, les Comices agricoles, les Syndicats, comprenant la haute importance de l'œuvre à entreprendre, organisèrent avec leurs propres ressources, auxquelles venait toujours se joindre une subvention ministérielle, de nombreux champs de démonstration.

Le Conseil Général de Constantine, en 1889, fut le premier, en Algérie, à décider la création de cinq champs de démonstration dans le département.

Et maintenant, me direz-vous, quelles étaient les raisons qui avaient amené le Gouvernement à cette organisation nouvelle ? Ces raisons sont bien simples et je vais vous en exposer quelques-unes.

Et d'abord, entre nous, cultivateurs, est-ce que nous ne sommes pas tous un peu rebelles à la théorie pure, toujours d'avis qu'expérience passe science ? Est-ce que nous nous rendons toujours aux raisons théoriques, ne nous souciant guère des conseils que ne vient pas appuyer l'exemple ? Et peut-être, au fond, n'avons-nous pas tout à fait tort ?

Nous connaissons mieux que personne le prix du temps et de l'argent ; nous savons que le premier ne se rattrape jamais, que le deuxième coûte rudement à ramasser et à conserver, et comme nous n'ignorons pas que les expériences en agriculture coûtent et beaucoup de temps et beaucoup d'argent, nous nous méfions ; et puis, les opérations agricoles ne se renouvellent pas du jour au lendemain comme les opérations commerciales : ce sont des œuvres de longue haleine qui excluent toutes les considérations de hasard et de probabilités.

Et c'est pour toutes ces raisons, que nous sommes d'une prudence craintive, quelquefois exagérée.

Eh bien ! les champs de démonstration ont été créés par le Gouvernement, reconnaissant le bien fondé de notre prudence, pour faire disparaître nos craintes, nos appréhensions, pour nous engager à entrer dans une voie absolument sûre, au bout de laquelle nous ne trouverons ni mécomptes, ni insuccès.

Je vais vous citer un exemple de ce que peut produire le champ de démonstration.

On a cru pendant longtemps que les blés durs étrangers étaient de beaucoup supérieurs à nos blés indigènes, soit comme qualité, soit comme rendement ; et, sur cette croyance, on a vu des colons faire venir à grands frais des semences étrangères qui, pour la plupart, ne donnaient que de piètres résultats.

Mais les partisans quand même de ces blés étrangers ne manquaient pas, pour excuser cet insuccès, d'invoquer une foule de raisons plus ou moins exactes : les cultures avaient été mal faites, le terrain mal préparé ; on avait récolté trop tôt, trop tard, etc. Il fallait, cependant, savoir à quoi s'en tenir.

Et alors, M. Ryf, le dévoué directeur du champ de démonstration créé à Sétif par le Comice agricole, eut l'heureuse idée de cultiver comparativement certains blés durs étrangers très recommandés et quelques-uns de nos bons blés durs indigènes ; je faisais, de mon côté, à Constantine, la même expérience.

Eh bien ! nous avons constaté tous deux que de tous ces blés durs placés dans les mêmes conditions de sol, de culture, les blés durs indigènes, notamment la variété dite *adjini,* étaient ceux qui se comportaient le mieux, donnaient le grain le plus beau, le rendement le plus élevé et le plus fort.

Autre exemple :

Dans un champ, on prend trois parcelles de même grandeur, de même nature de sol, soit au point de vue physique, soit au point de vue chimique, sur lesquelles on sème la même variété de grain, à la même dose, à la même époque et de la même façon. Sur l'une des trois, on a répandu un engrais complet, c'est-à-dire contenant de l'azote, de l'acide phosphorique et de la potasse ; la deuxième a été fumée simplement avec du fumier de ferme ; la troisième n'a reçu ni engrais, ni fumure ; le moment de la récolte arrive et on constate que la première parcelle a donné un rendement de 15 quintaux à l'hectare, alors que la deuxième n'en a donné que 12 et que la troisième n'en a rapporté que 9 ou 10. La conclusion est facile à tirer : le champ de démonstration a prouvé d'une façon indiscutable, dans la circonstance, que l'engrais complet est préférable au fumier et que le sol non fumé donne une récolte bien inférieure à celles des deux autres parcelles ; qu'il faut donc fournir au sol, sous forme d'engrais ou de fumure, une nourriture abondante si on veut avoir une récolte élevée.

Pour la culture de la vigne, les résultats apportés par les champs de démonstration ne sont pas moins concluants ; en voici la preuve : si dans une parcelle contenant les mêmes cépages, soumis à la même taille, aux mêmes façons culturales, on répand, entre un certain nombre de lignes, un engrais riche en acide phosphorique et en potasse, alors qu'on ne met rien entre les autres, on constate, au moment de la vendange, les résultats suivants : les premières lignes donnent beaucoup plus de raisin que les secondes, et plus tard, à la décuvaison, on s'aperçoit que le vin produit par les premières est non seulement plus abondant que celui fourni par les secondes, mais qu'il est encore plus coloré, plus alcoolique, plus nourri, toutes qualités très appréciées non seulement par le commerce, mais aussi par la consommation locale.

Et ces démonstrations s'appliquent non seulement aux plantes, mais aussi aux animaux domestiques qui ont aussi leurs champs de démonstration spéciaux : je veux parler des bergeries communales établies par le Conseil Général de Constantine, dans le but d'améliorer nos races ovines indigènes, soit par la sélection, soit par le croisement avec le mérinos.

On a cru pendant longtemps, beaucoup croient encore que le croisement par le mérinos ne peut donner que de mauvais résultats, en ce sens que le produit obtenu est moins rustique et qu'il ne pourra, par suite, résister aussi bien que le pur indigène aux conditions climatériques de notre pays ; qu'il lui faudra, comme conséquence, des abris particuliers, une nourriture spéciale.

Or, que venons-nous de voir se produire dans la bergerie communale des Rhiras ? Tous les produits obtenus de croisements avec le mérinos, — et ils sont aujourd'hui plus de 500, — tout en présentant une conformation meilleure, un poids plus élevé, une laine bien supérieure, se comportent exactement comme les moutons indigènes d'origine pure, tout en étant placés dans les mêmes conditions d'hygiène et d'alimentation.

Vous le voyez, c'est encore là un champ de démonstration dont les résultats sont bien faits pour convaincre les plus incrédules, les plus réfractaires à toute idée de progrès. Et ce résultat si tangible, si indiscutable n'aurait, certes, pas été obtenu par les plus belles discussions théoriques, par les plus subtils raisonnements ; désormais, dans la commune des Rhiras, dans l'arrondissement de Sétif, la doctrine du croisement par le mérinos a fait ses preuves, ne peut plus avoir d'adversaires ; les éleveurs de cette région seront les premiers à bénéficier des résultats acquis.

C'est ainsi que dans toutes les branches de l'agriculture, les champs de démonstration, par la diffusion des meilleures méthodes agricoles, produisent l'augmentation de la production générale du pays et, par suite, le développement de la richesse nationale.

En France, l'usage des engrais, des semoirs, des bles sélectionnés a permis de faire monter, dans peu d'années, la moyenne de la production à l'hectare de 12 hectolitres à 16 hectolitres ; cela ne paraît rien, un rendement de 4 hectolitres de plus par hectare, et cependant, sur la production générale de la France, cela représente une augmentation de 12 millions d'hectolitres environ, valant au cours actuel 150 millions de francs.

L'Algérie produit comme céréales, blé et orge, sur une surface ensemencée de 2,809,556 hectares, 36,238,412 hectolitres représentant une valeur de 466,105,018 francs : le rendement moyen, calculé sur dix années de récoltes, ne dépasse pas 10 hectolitres.

Supposez maintenant que par une culture améliorée, basée sur les résultats prouvés par les champs de démonstration, nous puissions arriver à augmenter ce rendement seulement de 2 hectolitres, que de 10, nous l'élevions à 12, et jugez tout de suite de quelle somme, sur l'ensemble, nous augmenterions la richesse de l'Algérie et en même temps la nôtre ; cette somme serait au moins de 110 millions de francs ; ajoutée aux 466 millions, produit annuel moyen, elle établirait pour l'Algérie tout entière un produit annuel de céréales de 576 millions de francs.

Et ce rendement moyen de 12 hectolitres à l'hectare serait facile à obtenir, même en tenant compte de la faible production obtenue par le fellah indigène, si les cultivateurs voulaient suivre l'exemple qui leur est donné dans les champs de démonstration.

M. Ryf a obtenu sans engrais, ni fumures, mais sur labours préparatoires de *printemps,* des rendements moyens de 20 hectolitres. De mon côté, à Constantine, dans un sol bien préparé, bien fumé, mais sans le secours d'engrais chimiques, j'ai obtenu avec 77 variétés de blé dur indigène à semences choisies des rendements moyens de 27 hectolitres à l'hectare. Ces résultats, vous les obtiendrez également, sans augmenter beaucoup vos dépenses premières, quand vous vous déciderez, suivant l'exemple qui vous est donné dans les champs de démonstration, à ne semer que des blés triés, de choix, sur des sols ayant reçu des labours préparatoires au printemps et convenablement fumés.

TABLE DES MATIÈRES

Constantine. — Imp. Ad. Braham.

www.ingramcontent.com/pod-product-compliance
Ingram Content Group UK Ltd.
Pitfield, Milton Keynes, MK11 3LW, UK
UKHW020734120726
13693UKWH00001B/330